Die
Lötrohranalyse.

Anleitung
zu qualitativen chemischen Untersuchungen
auf trockenem Wege.

Von

Dr. J. Landauer

in Braunschweig.

Mit 30 in den Text gedruckten Figuren.

Dritte, verbesserte und vermehrte Auflage.

Berlin.
Verlag von Julius Springer.
1908.

ISBN-13:978-3-642-90013-6   e-ISBN-13:978-3-642-91870-4
DOI: 10.1007/978-3-642-91870-4

Pierersche Hofbuchdruckerei Stephan Geibel & Co.
in Altenburg.

Vorwort zur dritten Auflage.

Die erste Auflage dieses Buches verdankte ihre Entstehung einer Aufforderung zur Bearbeitung einer deutschen Ausgabe des in den Vereinigten Staaten weit verbreiteten „Manual of qualitative Blowpipe Analysis" von William Elderhorst.

Da jedoch die einschlägige deutsche Literatur vortreffliche Werke besaß, die gleich dem Elderhorstschen die Anwendung des Lötrohrs in der Mineralogie besonders berücksichtigten, so schien es ratsam, mehr den chemischen Charakter der Lötrohranalyse in den Vordergrund zu stellen und dabei das Elderhorstsche Buch nur frei zu benutzen. Es stand zu hoffen, daß die stärkere Hervorhebung des chemischen Gesichtspunktes vielen willkommen sein würde, auch den Mineralogen und Metallurgen, die an der schnellen und sicheren Auffindung der Bestandteile eines Körpers kaum weniger Interesse haben als der Chemiker.

Die günstige Aufnahme, die das Buch nicht nur in den Ländern deutscher Zunge, sondern durch Übersetzungen ins Englische, Französische und Italienische auch im Auslande gefunden, hat diese Erwartungen erfüllt. Und so lag weder bei der zweiten noch bei der vorliegenden dritten Auflage ein Grund vor, von dem früheren Standpunkte abzuweichen.

Den Fortschritten der Wissenschaft entsprechend ist der Inhalt in allen Teilen erheblich vermehrt, sowohl hinsichtlich der Methoden der Untersuchung wie deren Ausführung im einzelnen.

Es darf vielleicht der Hoffnung Ausdruck gegeben werden, daß die Lötrohranalyse über den Kreis der Chemiker, Mineralogen und Hüttenleute Verbreitung finde. Namentlich sollten die Beamten und Kaufleute, die überseeische Länder und Kolonien aufsuchen, sich die von Gebildeten in wenigen Monaten zu erlangende Fertigkeit in der Anwendung des Lötrohrs aneignen. Da sich alle technisch wichtigen anorganischen Stoffe auf diesem Wege leicht und sicher entdecken lassen und ein Lötrohrapparat auf Reisen bequem mitzunehmen ist, so würde mancher Nutzen daraus erwachsen.

Denjenigen, die sich dieses Buches zum Selbststudium bedienen, werden die auf Seite 177 angegebenen Übungsbeispiele willkommen sein. Auf diese Auswahl beziehen sich die in [ ] Klammern gesetzten Nummern, die der Leser im Texte nach der Beschreibung wichtiger Reaktionen finden wird.

Braunschweig, im Oktober 1907.

Der Verfasser.

Inhalt.

Mikroskopische Untersuchung von Lötrohrperlen.

Mikrochemische Reaktionen.

Drittes Kapitel.

Spezielle Nachweisung gewisser Stoffe in zusammengesetzten Verbindungen.

Viertes Kapitel.

Tabellen.

Geschichtliche Entwicklung der Lötrohranalyse.

Im Bericht über die Versuche der Accademia del Cimento zu Florenz vom Jahre 1660 wird zuerst eines neuen Instruments gedacht, mit dessen Hilfe Thermometer und ähnliche Apparate aus Glas dargestellt wurden. Die Künstler bedienten sich hierbei, wie mitgeteilt wird, ihrer eigenen Wangen als eines Blasebalges, indem sie ihren Atem durch ein Werkzeug von Kristallglas in die Flamme bliesen. Zehn Jahre später teilt Erasmus Bartholin in einer Abhandlung über den isländischen Doppelspat mit, daß er ihn in Kalk umwandelte, wenn er mit Hilfe einer luftdicht schließenden Glasröhre die Lampenflamme darauf lenkte. In dem bald darauf, 1679, erschienenen Werke Ars vitraria experimentalis zeigte Johann Kunckel (1630—1703), daß ein Glasblasetisch sich auch zu chemischen Versuchen eignet, indem man damit Metallkalke auf Kohle reduzieren könne. Im Jahre 1702 berichtet Georg Ernst Stahl, der berühmte Begründer der Phlogistontheorie, daß er durch Schmelzen auf Kohle mit Hilfe des lötenden Rohres der Goldschmiede (tubulo caementorio aurifabrorum) Blei und Antimon aus dem, was wir heute die Oxyde nennen, gewonnen habe. Als dann Johann Andreas Cramer (1710—1777) im Jahre 1739 seine Elementis artis docimasticae herausgab und darin ein vervollkommnetes Lötrohr beschrieb, das aus Kupfer hergestellt und mit einer hohlen Kugel zum Auffangen der beim Blasen sich sammelnden Feuchtigkeit versehen war, nahm der bis dahin spärliche Gebrauch dieses Instruments etwas zu. Das Blasen mit dem Munde scheint aber vielen seiner Zeitgenossen beschwerlich gewesen zu sein, denn in einem zweiten Werke beschrieb Cramer einen künstlichen Blaseapparat. Die Reaktionen dieses Forschers bestanden in der Hauptsache aus Schmelzungen, wobei er den von Alchimisten schon früher benutzten Borax mit Erfolg anwandte.

Hatte bis dahin die Lötrohranalyse nur langsame Fortschritte gemacht, so nahm ihre Entwicklung einen ungeahnten Aufschwung [1]),

---

[1]) Vergl. Landauer, Die Anfänge der Lötrohranalyse. Ber. chem. Ges. **26,** 898 (1893).

als die Chemiker und Mineralogen Schwedens sich ihr zuwandten. Nicht mit Unrecht hat man daher dieses Land als die Heimat der Lötrohranalyse bezeichnet.

Die ältesten Abhandlungen schwedischer Forscher über das Verhalten von Mineralien und Erzen vor dem Lötrohre rühren von Swen Rinman (1710—1792) und Anton von Swab (1703—1768) her, die indessen diese Untersuchungsart nicht als eine neue hinstellen, sondern wie eine allbekannte erwähnen. Einen großen Schritt vorwärts machte dann Axel Frederic Cronstedt (1702—1765), der den allgemeinen Gebrauch des Lötrohrs bei der Untersuchung der Mineralien einführte. Cronstedt wandte als Flußmittel Soda, Borax und Phosphorsalz an und stellte den ersten tragbaren Lötrohrapparat, den er Taschenlaboratorium nannte, zusammen. Das mit Hilfe des Lötrohrs ermittelte chemische Verhalten der Mineralien diente ihm zur Aufstellung eines Mineralsystems, das in seinem 1758 erschienenen Werke Försök till Mineralogie enthalten ist. Dies Werk erschien zuerst anonym und wurde von Zeitgenossen, unter anderen von Linné, irrtümlich Anton von Swab zugeschrieben. Eine zusammenhängende Anleitung zum Gebrauche des Lötrohrs ist darin nicht enthalten; diese gab erst Gustav von Engeström (1738—1813) als Anhang zu der von ihm besorgten englischen Übersetzung des Cronstedtschen Buches, die 1770 in London erschien. Dieser erste Leitfaden der Lötrohranalyse, der den Titel führte „Description of a mineralogical pocket-laboratory and especially the use of the blow-pipe in mineralogy" fand durch Übersetzung in fremde Sprachen weite Verbreitung. Da indessen die Benutzung des damals gebräuchlichen, wenig vollkommenen Instruments nicht leicht durch Lesen zu erlernen, sondern mehr von praktischer Unterweisung abhängig war, so blieb das Lötrohr immer noch in wenigen Händen.

Dies änderte sich indessen, als Torbern Bergman (1735—1784), Professor der Chemie in Upsala, dessen Arbeiten die Grundlage für unsere jetzigen analytischen Methoden zur Untersuchung anorganischer Stoffe gelegt haben, sich eingehend mit dem Lötrohr beschäftigte.

. Von 1773 an pflegte er bei den Untersuchungen anorganischer Körper das Verhalten vor dem Lötrohre zu berücksichtigen und im Jahre 1779 gab er die Resultate seiner Beobachtungen wie derjenigen von Swab, Rinman, Quist, Cronstedt, Engeström, Gahn und Scheele in einem Leitfaden der Lötrohr-kunde unter dem Titel „Commentatio de tubo ferruminatorio" heraus. Bergman versah das Lötrohr mit einem halbkreis-förmigen Raum zum Auffangen des Wassers, verbesserte mehrere Hilfsinstrumente, unterschied zwischen äußerer und innerer Flamme, allerdings nur bezüglich ihres Wärmeeffekts und untersuchte eine große Anzahl von Mineralien und anorganischen Verbindungen, wobei er sich der wertvollen Mitwirkung des später zu großer Bedeutung gelangten Gahns zu erfreuen hatte, der erst sein Schüler, dann sein Assistent war. — Den wichtigen Unterschied zwischen der oxydierenden und reduzierenden Lötrohrflamme lehrte zuerst Carl Wilhelm Scheele (1742—1786) im Jahre 1784.

Johann Gottlieb Gahn (1745—1818) ist der Schöpfer der noch heute gebräuchlichen Untersuchungsmethode. Er hegte eine solche Vorliebe für das Lötrohr, daß er es stets bei sich führte und alles, was sich ihm zur Analyse darbot, damit analy-sierte. Infolgedessen eignete er sich eine fast unglaubliche Fertigkeit im Gebrauch des Lötrohrs an. So berichtet Berzelius, daß, längst ehe man den Kupfergehalt von Pflanzenaschen kannte, Gahn aus der Asche eines Viertelbogens Papier deutlich metallisches Kupfer abschied. Gahn gab dem Lötrohr die noch heute gebräuchliche Form (Fig. 1), führte den Platindraht als Unterlage, die Kobaltlösung als Reagens ein und entdeckte die Reduktion der Metalloxyde mit Hilfe von Soda auf Kohle. Von seinen Arbeiten veröffentlichte Gahn nur wenig; er teilte sie aber bereitwillig seinen Schülern und Freunden mit, von denen nament-lich Berzelius seinen vertrauten Umgang genoß. Für dessen 1812 erschienenes Lehrbuch der Chemie verfaßte Gahn auf dringendes Bitten das Hauptsächliche des Abschnittes über das Lötrohr und seine Anwendung in der Chemie. Kurz vor seinem Tode erschien im XI. Bande der Annals of Phylosophy (1818) ein Aufsatz „On the blow-pipe; from a treatise on the blow-pipe by Assessor Gahn of Fahlun", in welchem namentlich das Ver-halten zu Soda, Borax und Phosphorsalz erörtert wird.

Berzelius (1779 — 1848) untersuchte auf Gahns An-regung das Verhalten der Mineralien vor dem Lötrohre, dehnte seine Anwendung auf das ganze Gebiet der anorganischen Chemie aus und bereicherte und vervollkommnete die Methoden und Hilfsmittel der Untersuchung. Das von Gahn Erfahrene und die zahlreichen Ergebnisse seiner eigenen Arbeiten stellte er in seinem klassischen Werke „Om Blaseröts Användande i Kemien och Mineralogien (1820)" zusammen, das, von Heinrich Rose aus der Handschrift übersetzt, im folgenden Jahre in Deutschland unter dem Titel „Die Anwendung des Lötrohrs in Chemie und Mineralogie" erschien. Erst durch dieses bald in alle modernen Sprachen übersetzte Werk ist das Lötrohr zum Gemeingut aller Chemiker und Mineralogen geworden.

Hatte bis dahin das Lötrohr nur zu qualitativen Untersuchungen gedient, so kam Eduard Harkort, während er in Freiburg studierte, auf den geistvollen Gedanken, es auch zu genaueren quantitativen Analysen zu benutzen. Er veröffentlichte 1827 die „Probierkunst mit dem Lötrohre, erstes Heft: Die Silberproben". Ein zweites Heft sollte die Blei-, Kupfer- und Zinnproben enthalten, gelangte aber — infolge seiner Berufung nach Mexiko, wo er bald darauf starb — nicht zur Herausgabe.

Carl Friedrich Plattner, dem Harkort sein Verfahren gezeigt hatte, und der die Tragweite des neuen Zweiges der Lötrohranalyse erkannte, hat sich um die weitere Ausbildung der auf Gold, Kupfer, Blei, Wismut, Zinn, Nickel und Kobalt ausgedehnten quantitativen Lötrohrprobe große Verdienste erworben, nicht minder durch die Ermittlung von Verfahren zur Auffindung der sämtlichen Bestandteile zusammengesetzter Verbindungen. Seine 1835 zuerst erschienene „Probierkunst mit dem Lötrohr", in vierter und fünfter Auflage von Theodor Richter, in sechster und siebenter von Friedrich Kolbeck bearbeitet, ist ebenfalls ein klassisches Werk.

Robert Wilhelm Bunsen (1811—1899) hat durch seine „Lötrohrversuche" und namentlich durch seine im Jahre 1866 veröffentlichten „Flammenreaktionen" ganz neue Gesichtspunkte in die Analyse auf trocknem Wege eingeführt, indem er statt der Lötrohrflamme durchweg die Flamme der von ihm erfundenen Leuchtgaslampe zur Anwendung brachte. Da hierbei die in vielen wichtigen Reaktionen als Unterlage verwandte Kohle unbenutzbar wurde, so sah sich Bunsen genötigt, eine ganz andere Technik zu schaffen, was ihm in glänzender Weise gelungen ist.

Die mannigfachen Bereicherungen, welche die Lötrohranalyse in den letzten Jahrzehnten erhalten hat, werden im Text des Buches zur Aufzeichnung gelangen.

Erstes Kapitel

Gerätschaften und Reagentien.

———

1. Das zu wissenschaftlichen Zwecken benutzte Lötrohr hat die in Fig. 1 abgebildete Form. Es besteht aus drei gesonderten Teilen: dem konischen, mit einem Mundstück versehenen Windrohr AB, dem Windkasten C, der die beim Blasen mitgerissene Feuchtigkeit zurückhält, und dem Seitenrohr D; dieses endigt in einer Platinspitze d. Sämtliche Teile passen luftdicht ineinander, werden durch Friktion zusammengehalten und lassen sich leicht auseinandernehmen. Die Länge des Lötrohrs beträgt gewöhnlich 200 mm, muß sich aber nach der Beschaffenheit der Augen des Besitzers richten. Kurzsichtige bedürfen eines kürzeren, Weitsichtige eines längeren Lötrohrs. Die Platinspitze hat am besten eine Öffnung von 0,4 mm; doch ist es gut, für Fälle, bei denen eine stärkere Lötrohrflamme notwendig ist, eine zweite Spitze von 0,5 mm zu besitzen. Ist die Öffnung durch Ruß verstopft, so wird sie durch Ausglühen über einer Weingeist- oder Gasflamme gereinigt. Von den Mundstücken sind die runden oder ovalen, welche, wie diejenigen der Trompeten, gegen die Lippen gedrückt werden, bei anhaltendem Arbeiten am meisten zu empfehlen; doch ist auch gegen den Gebrauch der länglichen, welche von den Lippen umschlossen werden, nichts einzuwenden.

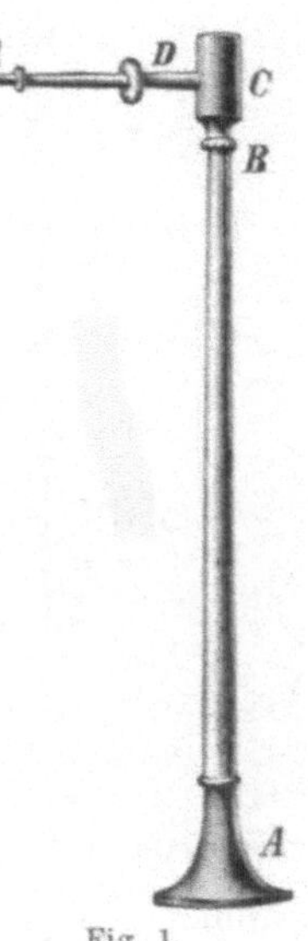

Fig. 1.

In England und Amerika wird vielfach das Blacksche Lötrohr (Fig. 2) benutzt; es besteht aus einem konischen Windrohr, das am weiteren Ende geschlossen und am engeren mit einem Mundstück versehen ist. Am weiteren Ende ist das Seitenrohr eingesetzt, in welches Feuchtigkeit nicht gelangen kann.

Bei manchen Versuchen ist es vorteilhaft sich eines Stand - lötrohrs zu bedienen, um während des Arbeitens beide Hände frei zu haben und die Körperhaltung beliebig ändern zu können. In Fig. 3 ist eine Standvorrichtung[1]) abgebildet, die sich mit Teilen eines gewöhnlichen Lötrohrs benutzen läßt.

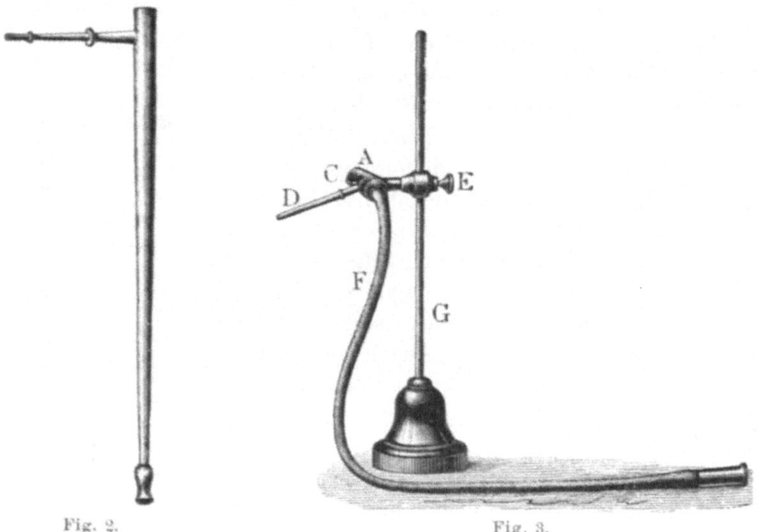

Fig. 2.   Fig. 3.

Die Messinghülse A, zur Aufnahme des Windkastens bestimmt, ist am Stativ G auf und ab beweglich sowie im Kreise drehbar und kann mittelst der Klemmschraube E überall festgestellt werden. Sie besitzt einen Ausschnitt C, dessen Breite dem Durchmesser des Seitenrohrs D entspricht. Er dient dazu, den Windkasten mit dem eingefügten Seitenrohr so drehen zu können, daß diesem jede Neigung gegeben werden kann. Einer von selbst eintretenden Drehung des Windkastens wird durch einen an der Hülse angebrachten klemmenden Spalt vorgebeugt. Das Einblasen der Luft geschieht an Stelle des gewöhnlichen Windrohrs durch den mit Mundstück versehenen Kautschukschlauch F.

---

[1]) Landauer, Ber. chem. Ges. 8, 877 (1875).

Die Messinghülse A kann auch durch eine federnde Klemme ersetzt werden, die einen Windkasten von beliebigem Durchmesser aufnehmen kann.

Von den Lötrohrgebläsen, deren Luftstrom auf mechanische Weise zugeführt wird, ist das Kautschukgebläse (Fig. 4) das gebräuchlichste. Es besteht aus einem Blasebalg A, der mit Hilfe der Hand oder des Fußes mit Luft gefüllt wird, und der durch einen Kautschukschlauch mit dem Windreservoir B verbunden ist; aus letz-

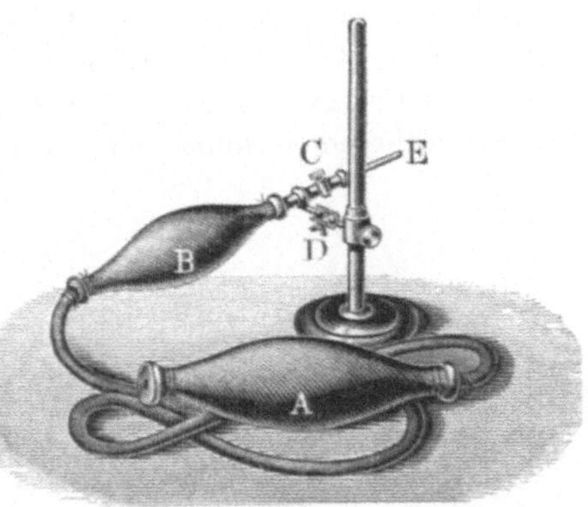

Fig. 4.

terem gelangt der Luftstrom in die Lötrohrspitze E, die an einer Metallstange auf und nieder bewegt werden kann; durch den Hahn C kann der Luftstrom reguliert werden, durch das Kugelgelenk D der Lötrohrspitze jede Stellung gegeben werden.

Ein anderes bequemes Gebläse (Fig. 5) ist von Fletcher konstruiert; der Windstrom wird durch das Handgebläse A hervorgebracht, durch den Hahn a reguliert und durch einen Kautschukschlauch zum Standlötrohr B fortgeleitet. Dieses besteht aus

Fig. 5.

einer Lötrohrspitze, die sich auf einem Stativ befindet, das von drei mittelst Kniegelenke verbundenen Messingstäben gebildet wird. Diese Einrichtung gestattet eine schnelle Veränderung der Höhe und Neigung des Ausströmungsrohrs. Dem Apparat wird eine zweite Lötrohrspitze d beigegeben, deren Ende mehrfach gewunden ist; bei dem Gebrauche werden die Windungen von der Flamme erwärmt, wodurch ein Heißluftgebläse, das eine heißere Flamme hervorbringt, gebildet wird.

In Laboratorien, wo eine Hochdruckwasserleitung vorhanden, ist es bequem, eine der zahlreichen Konstruktionen von Wasserstrahlgebläsen zu benutzen. Ihr Prinzip besteht darin, daß an der wasserzuführenden Röhre ein Schenkel eingefügt ist, durch den

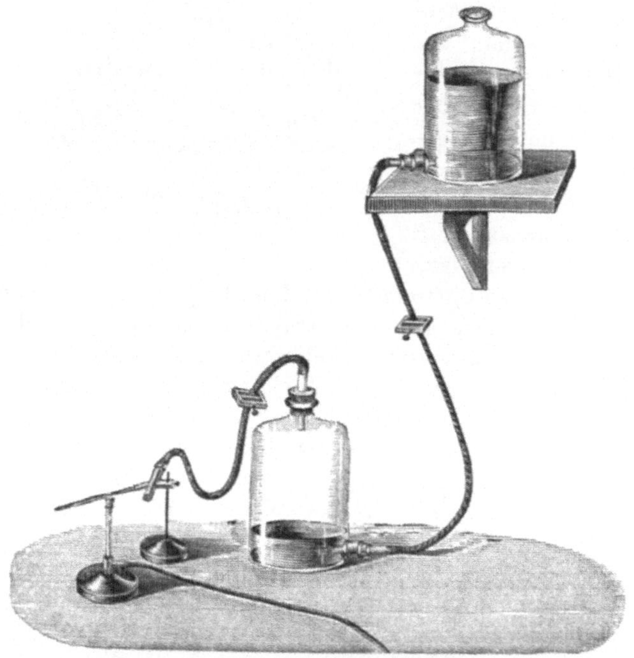

Fig. 6.

vom Wasserstrom Luft mitgerissen wird. Diese sondert sich in einem zylindrischen Gefäße vom Wasser ab und wird am oberen Teile zum Blasen abgeführt, während das Wasser unten abfließt.

Man kann auch die meisten der gebräuchlichen Filtrierpumpen in Gebläse verwandeln, wenn man sie auf einer geräumigen Flasche befestigt, die am Boden eine Tubulatur für den Wasserabfluß besitzt, und deren Stopfen eine Bohrung für die Pumpe und eine zweite für das Gebläserohr hat. Durch Hähne werden die Leitungen so reguliert, daß das Gebläse richtig arbeitet.

Ein einfaches, selbsttätiges Gebläse [1]) ohne Wasserleitung kann man sich für eiligen Gebrauch leicht mit Hilfe von zwei geräumigen, gleichgroßen Flaschen zusammenstellen, deren untere Tubulatur ein Kautschukschlauch verbindet (Fig. 6). Die eine dieser Flaschen wird etwa 1,5 m höher gestellt als die andere, aus welcher die durch das Wasser verdrängte Luft austritt, um zu einem Standlötrohr geleitet zu werden. Wenn die obere Flasche leer geworden, müssen die Flaschen gewechselt werden, was bei Gefäßen von 4 l Inhalt und bei einer Lötrohrspitze von 0,4 mm Öffnung etwa alle zehn Minuten erforderlich ist. — Durch Hähne kann man sowohl den Wasserzufluß als auch den Luftstrom beliebig regeln.

So bequem die mechanischen Gebläse auch sind, so stehen sie doch in der Leichtigkeit der Handhabung und Zuverlässigkeit der Wirkung dem gewöhnlichen Lötrohr nach, und man sollte sie daher nur bei Arbeiten von längerer Dauer anwenden, wo das Blasen mit dem Munde eine Ermüdung der Backenmuskeln hervorbringen würde. Überdies ist zu bedenken, daß nur derjenige von der Lötrohranalyse den richtigen Nutzen haben wird, der sich mit dem Gebrauch des Mundlötrohres völlig vertraut gemacht hat.

2. Als Lötrohrflamme benutzt man am bequemsten eine Bunsensche Gaslampe, in die man eine Röhre einsenkt, die oben zu einem 1—2 mm breiten Schlitz zusammengebogen und schräg abgeschnitten ist (Fig. 7). Die Röhre hat eine Länge von 100 mm und verschließt zugleich die Luftlöcher des Brenners.

Bei der Prüfung von Substanzen auf einen Schwefelgehalt darf indes eine Gasflamme nicht angewandt werden, weil der Schwefelgehalt des Steinkohlengases häufig groß genug ist, um zu falschen Resultaten Veranlassung zu geben.

Fig. 7.

Für genauere Untersuchungen ist die von Plattner verbesserte Berzeliussche Lötrohrlampe (Fig. 8) zu empfehlen. Sie besteht aus dem Ölbehälter *a*, der durch eine Klemm-

---

[1]) Landauer, Ber. chem. Ges. 8, 1476 (1875).

schraube *b* an dem Stativ *c* befestigt ist und auf und nieder bewegt werden kann. An dem Ölbehälter sind oben zwei durch Schraubenkapseln verschließbare Öffnungen angebracht, von denen die eine, *d*, einen Brenner mit flachem Docht enthält, während

Fig. 8.

die andere zur Aufnahme des Öles dient. Als Brennmaterial benutzt man raffiniertes Rüböl oder Olivenöl.

Sehr brauchbar und auf Reisen besonders bequem sind die von Foster eingeführten Lötrohrlampen, die mit festen Fetten,

Fig. 9.

Paraffin, Stearin oder Talg gespeist werden. Die Lampen (Fig. 9) bestehen aus einem mit Deckel verschließbaren zylindrischen Gefäß, woran der Dochthalter gelötet ist. Der Docht muß von grober Beschaffenheit sein und mehrfach zusammengelegt werden. Beim Gebrauch richtet man die Flamme zunächst auf das Brennmaterial, um dieses zum Schmelzen zu bringen, worauf die Flamme stundenlang fortbrennt. Nach der jedesmaligen Benutzung wird der Docht, ehe das Fett erstarrt, mit der Pinzette etwas herausgezogen und für einen neuen Versuch vorgerichtet. Ist der Dochthalter von Aluminium, das die Wärme gut leitet, so ist das Schmelzen des Brennmaterials nicht erforderlich. Paraffin von niedrigem Schmelzpunkt eignet sich für diese Lampen am besten.

Eine Spirituslampe mit flachem, nicht zu kleinem Brenner kann auch zu Lötrohruntersuchungen benutzt werden, wenn man dem Weingeist eine kohlenstoffreichere Verbindung zusetzt (1 Teil Terpentin oder 3 Teile Benzol auf 12 Teile Alkohol). Eine solche Lampe gibt eine recht gute Hitze und braucht nicht so oft gereinigt zu werden wie eine mit Öl gespeiste.

Bis zu Gahns Zeiten wurden ausschließlich Kerzen als Lötrohrflammen verwandt, die für die meisten Versuche auch ausreichen. Man bedient sich starker Kerzen, sogenannter Wagenkerzen, und biegt den Docht nach der Seite um, nach der die Lötrohrflamme gerichtet wird; das Herabfließen des Stearins wird durch Umwicklung der Kerze mit Zinnfolie verhindert.

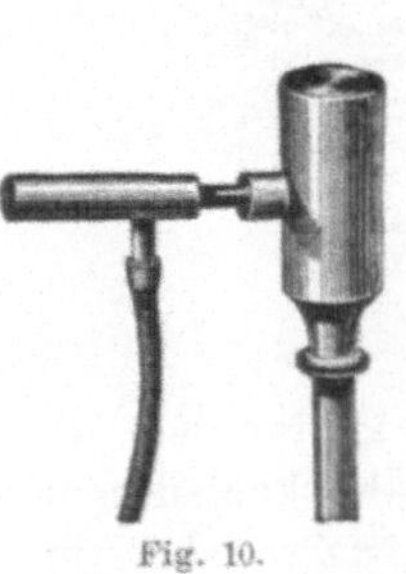

Fig. 10.

Fig. 11.

Es sind auch Gaslötrohre konstruiert, die gleichzeitig Lampe und Lötrohr in sich vereinigen. Bei ihnen ist das Ausströmungsrohr von einem Gehäuse umschlossen, in das ein mit der Gasleitung in Verbindung stehender Kautschukschlauch Leuchtgas einführt. Dieses mischt sich mit der durch das Lötrohr eingeblasenen Luft, und je nach dem geringeren oder größeren Verhältnis von Luft zu Gas entsteht eine reduzierende oder eine oxydierende Flamme.

Fig. 10 stellt ein gewöhnliches, Fig. 11 ein Standlötrohr mit dieser Vorrichtung vor.

3. Als feuerfeste Unterlagen beim Erhitzen von Substanzen vor dem Lötrohr dienen hauptsächlich Kohle, Platin und Glas.

Die Holzkohle nimmt unter ihnen wegen ihrer Unschmelzbarkeit, ihrer geringen Wärmeleitung und ihrer Reduktionskraft den ersten Platz ein. Kohle von leichten Hölzern, wie z. B. Fichten, ist die beste; sie muß gut ausgebrannt sein und darf weder rauchen noch Funken sprühen.

Man sägt sie in parallelepipedische Stücke von 10 cm Länge, 3 cm Breite und 2 cm Dicke und gebraucht nur die Seiten, bei denen die Jahresringe auf der Kante stehen.

Da es nicht überall leicht ist, gute Holzkohlen zu erhalten, so läßt sich mannichfacher Ersatz gebrauchen.

Künstliche Lötrohrkohlen, welche fabrikmäßig dargestellt werden, kann man auch selbst anfertigen, indem man gepulverte Holzkohle mit Stärkekleister zu einer plastischen Masse mengt, diese in Stücke preßt, austrocknen läßt und, um das Bindemittel zu zerstören, in einem geschlossenen Tiegel schwach glüht.

Fig. 12.

Von Foster sind Blöcke (Fig. 12) von gebranntem Ton empfohlen, welche die Größe der gewöhnlichen Holzkohlen haben und auf einer oder zwei Seiten eine halbkugelförmige oder viereckige Vertiefung besitzen, in welche man ein kleines Stück Holzkohle oder ein Schälchen von künstlicher Kohle legt. Durch Berußen über einer Lampe wird die zum Auffangen der Beschläge bestimmte Seite geschwärzt. Ein solches Tonstück läßt sich häufig benutzen.

Ein anderer Ersatz für Holzkohle ist das von Ross[1] eingeführte Aluminiumblech; ein Stück von etwa 12 cm Länge, 5 cm Breite und 0,8 mm Dicke wird an den beiden Enden, einmal nach rechts, einmal nach links, ⌐-förmig nahezu im rechten Winkel umgebogen, so daß an den beiden Enden ein 2 cm breiter Rand entsteht. Das Umbiegen gelingt leicht, wenn man das Blech

[1] Ross, Pyrology or fire chemistry, London 1875 bei Spon. Vergl. auch Hutchings, Chem. News **36**, 208. 217 (1877).

zuvor erwärmt hat. Man feilt die scharfen Seiten und Ecken ab und reinigt die Platte mit Holzkohlenpulver und Wasser mittelst eines Lappens. Durch die ⌐- Gestalt kann man beide Seiten der Platte benutzen und diese bequem halten. Die Probe wird entweder unmittelbar auf den Rand der Platte gelegt, oder sie erhält eine kleine Kohlenunterlage von 15 qmm Größe und 2 mm Dicke.

Gipsplatten, von Haanel 1882 eingeführt, stellt man auf folgende Weise her. Man rührt Gips und Wasser zu einer dünnen Flüssigkeit an, gießt sie auf eine geölte Glasplatte und teilt die Masse, nachdem sie dickflüssig geworden, mit einem Bindfaden oder Messer in Stücke von 10×4 cm ab; diese lassen sich, nachdem sie trocken geworden, leicht von der geölten Unterlage entfernen. Die weiße, glatte Glasfläche verdichtet heiße Dämpfe und läßt die Farbe von Beschlägen gut erkennen; zur besseren Erkennung weißer oder sehr heller Beschläge kann man die Platten mit Ruß überziehen. Sie eignen sich vorzüglich zur Aufnahme von sublimierten Jodiden, Bromiden, Oxyden und Sulfiden, die auf der Gipsunterlage in ihrem Verhalten zu Reagentien weiter untersucht werden können. Nach W. W. Andrews kann man auch Boraxgläser darauf herstellen, wenn man dem zur Bereitung der Platten nötigen Wasser 3 bis 4 g Borsäure aufs Liter zusetzt. Oxydation und Reduktion gehen schnell vonstatten, und die auf Temperaturwechsel beruhenden Veränderungen lassen sich wegen der langsamen Abkühlung genauer beobachten.

Zur Aufnahme der Proben wird ein Grübchen, nur wenig größer als ein Stecknadelkopf, hergestellt. Die Platte legt man beim Gebrauch auf ein Stück Kohle.

Platin, das besonders in Drahtform häufig verwendet wird, hat der Kohle gegenüber den Vorzug, Oxydationsversuchen nicht reduzierend entgegenzuwirken und die Farben von Glasflüssen leichter erkennen zu lassen.

Man schneidet Platindraht von etwa 0,4 mm Dicke in Stücke von 8 cm und biegt sie an den Enden zu Haken um, welche den Flußmitteln als Halt dienen. Kleinere Stücke Draht werden mit einem Ende in ein Stück Kork gesteckt oder in eine ausgezogene Glasröhre eingeschmolzen; auch eine Reißfeder ist zum Halten bequem. U-förmige Öhre, welche in den meisten Fällen gebraucht werden, bilden kugelige Perlen, während O-förmige ein plattes, linsenförmiges Glas hervorbringen, das bei einer tiefen Färbung des Flußmittels eine bessere Erkennung der Farbe gestattet. Boraxglas, nicht aber Phosphorsalz, haftet gut genug, um am geraden, nicht umgebogenen Drahte untersucht zu werden. — Falls eine Probe mit Soda am Platindraht geschmolzen werden muß, so wird etwas dickerer Draht mit einem größeren Haken genommen.

Sollen die Glasflüsse im Bunsenbrenner (§ 82) untersucht werden, so darf der Platindraht die Dicke von 0,1 mm und bei Dezimeter das Gewicht von 16 mg nicht viel überschreiten.

Um die Drähte immer rein zu haben, bewahrt man sie in einer Flasche auf, die durch Salzsäure angesäuertes Wasser enthält. Vor dem Gebrauche wäscht man sie mit reinem Wasser und glüht sie so lange, bis jede Flammenfärbung verschwindet.

Platinblech, dessen Gebrauch beschränkt ist, wird in Stücken von 50 mm Länge, 15 mm Breite und in der Dicke von Schreibpapier angewandt und beim Gebrauch mit einer Pinzette oder einem Stück Kork gehalten. Ein kleiner Platinlöffel ist zweckmäßig beim Zusammenschmelzen von Substanzen mit saurem Kaliumsulfat oder Salpeter. Zum gleichen Zweck läßt sich auch eine Platinspirale von 2—3 mm Breite, die durch Umwicklung einer Bleistiftspitze mit feinem Platindraht hergestellt wird, benutzen.

Glasröhren und Glaskölbchen werden sehr viel verwandt und sind deshalb stets in großer Zahl vorrätig zu halten.

Zum Erhitzen von Körpern unter Luftzutritt (Rösten) dienen offene Röhren von 5—6 mm innerem Durchmesser und 100 bis 120 mm Länge, während Kölbchen oder an einem Ende zugeschmolzene Glasröhren, Glührohre, von 6—8 cm Länge und 5—6 mm Durchmesser, benutzt werden, um Substanzen für sich allein, ohne Luftzutritt, zu erhitzen. Die offenen Röhren können 12—15 mm vom einen Ende in einem stumpfen Winkel gebogen sein, um das Herausfallen der Probe zu verhüten.

4. Von anderen Gerätschaften sind die notwendigsten:

Ein Achatmörser von 40—50 mm Durchmesser.

Eine Pinzette mit Platinspitzen, die durch Druck geöffnet wird.

Eine gewöhnliche Pinzette von Stahl.

Eine stählerne Kneifzange, um von Mineralien kleine Proben abzubrechen.

Ein kleiner Hammer und Amboß; beide von gehärtetem Stahl und gut poliert. Sehr zweckmäßig zum Zerkleinern ist auch ein Abichscher Mörser.

Ein kleiner Magnet in Form eines vierkantigen Stäbchens. Eine Lupe.

Ein Spatel von poliertem Eisen.

Einige kapillare Pipetten.

Farbige Gläser von 12 cm Länge und 5 cm Breite, und zwar ein blaues durch Kobaltoxydul, ein violettes durch Manganoxyd, ein rotes durch Kupferoxydul und ein grünes durch Eisenoxyd und Kupferoxyd gefärbtes Glas. Die im Handel vorkommenden Sorten, wie sie zur Verzierung von Fenstern verwendet werden, haben gewöhnlich die richtigen Färbungen.

Ein Indigoprisma (Fig. 13) von fein geschliffenem Kristallglas. Das Prisma wird gefüllt mit einer aus 1 Teil Indigo in 8 Teilen rauchender Schwefelsäure bestehenden Lösung, die mit 1500—2000 Teilen Wasser versetzt und filtriert wird. Statt Indigo kann man eine Lösung von Kaliumpermanganat in Wasser benutzen. Die Lösung hält sich monatelang, wenn die Flasche aufrecht gehalten wird und die Flüssigkeit nicht an den Kork oder Kautschukstopfen kommt. Den braunen Niederschlag entfernt man durch Salz- oder Schwefelsäure.

Beim Gebrauch hält man das Prisma dicht vor das Auge und bewegt es in horizontaler Richtung, dergestalt, daß das Licht der gefärbten Flamme nach und nach dickere Schichten des absorbierenden Mittels zu durchlaufen hat.

Fig. 13.

Ein Spektroskop mit gerader Durchsicht; Skala und Vergleichsprisma sind wünschenswerte Beigaben.

5. Die Reagentien, welche bei Lötrohruntersuchungen zur Anwendung kommen, müssen, wie bei allen chemischen Analysen, rein sein.

Borax[1]), Natriumtetraborat ($Na_2B_4O_7 + 10\,H_2O$). Der käufliche Borax wird umkristallisiert; die Kristalle werden mit destilliertem Wasser gewaschen, getrocknet und gepulvert. Beim Erhitzen bläht sich der Borax zunächst blumenkohlförmig auf,

---

[1]) Es ist in der Lötrohranalyse üblich, die drei Hauptreagentien Borax, Phosphorsalz und Soda mit ihren Handelsnamen und nicht mit ihren wissenschaftlichen zu bezeichnen.

indem das verdampfende Kristallwasser die halb geschmolzene Masse auseinander treibt, dann schmilzt er zu einem Glase, das die Eigenschaft besitzt, Metalloxyde unter Bildung von Doppelboraten mit charakteristischen Farben aufzulösen. Es ist zweckmäßig, Boraxglas in einer Flasche fertig aufzubewahren. Man glüht Borax im Platintiegel oder -löffel oder auf Kohle im Oxydationsfeuer, bis er ruhig schmilzt, und zerkleinert ihn nach dem Erkalten.

Die in der Boraxperle aufgelösten Metalloxyde können durch die Lötrohrflamme reduziert und wieder oxydiert werden. Die Reduktion erfolgt unter dem Einfluß der glühenden Kohlenteilchen der Flamme, und zwar in einzelnen Fällen stufenweise. So wird z. B. bei Kupfer die von einem Cuprisalz in der Oxydationsflamme blau gefärbte Perle unter dem Einfluß der Reduktionsflamme zunächst durch Reduktion zum Cuprosalz rot und trübe und dann farblos unter Ausscheidung von metallischem Kupfer. Die folgenden Formeln veranschaulichen diese Vorgänge:

$$(1) \qquad Na_2B_4O_7 + CuO = Cu(BO_2)_2 + 2\,NaBO_2,$$
$$(2) \qquad 2\,Cu(BO_2)_2 + 4\,NaBO_2 + C = Cu_2(BO_2)_2 + 2\,NaBO_2$$
$$+ Na_2B_4O_7 + CO,$$
$$(3) \qquad Cu(BO_2)_2 + 2\,NaBO_2 + C = Cu + Na_2B_4O_7 + CO.$$

Phosphorsalz[1]), Ammoniumnatriumphosphat ($NH_4NaHPO_4 + 4\,H_2O$) muß ein nach der Abkühlung völlig klares Glas geben; ist das nicht der Fall, so muß es durch Umkristallisieren gereinigt werden. Phosphorsalz findet dieselbe Anwendung wie Borax. Es geht beim Glühen nach der Gleichung $NH_4NaHPO_4 = NaPO_3 + NH_3 + H_2O$ unter Angabe von Ammoniak und Wasser in Natriummetaphosphat über, das beim Schmelzen mit Metalloxyden zum Teil schöner, zum Teil anders gefärbte Glasflüsse bildet als Borax. Die Anwendung dieses Reagens ist aber eine umständlichere, weil es beim Erhitzen stark aufbraust und dabei leicht vom Platindraht abtropft.

Das Verhalten der Phosphorsalzperlen entspricht hinsichtlich der Reduktion dem der Boraxgläser:

---

[1]) Es ist in der Lötrohranalyse üblich, die drei Hauptreagentien Borax, Phosphorsalz und Soda mit ihren Handelsnamen und nicht mit ihren wissenschaftlichen zu bezeichnen.

$$(1) \qquad NaPO_3 + CuO = CuNaPO_4;$$
$$(2) \qquad 2\,CuNaPO_4 + C = Cu_2NaPO_4 + NaPO_3 + CO$$
$$(3) \qquad CuNaPO_4 + C = Cu + NaPO_3 + CO.$$

Soda[1]), Natriumcarbonat ($Na_2CO_3 + 10\,H_2O$) muß frei von Schwefelsäure sein, auf welche es nach § 209 zu prüfen ist. Man kann sich sowohl des kohlensauren als des doppeltkohlensauren Salzes bedienen.

Soda findet als Reduktions-, Auflösungs- und Aufschließungsmittel eine ausgedehnte Anwendung.

Neutrales Kaliumoxalat ($K_2C_2O_4$) und insbesondere Cyankalium wirken noch stärker reduzierend als Soda und sind daher in Fällen, wo bei diesem Reagens ein sehr kräftiges Feuer erforderlich ist, vorzuziehen. Da Cyankalium zu leicht schmilzt, bedient man sich eines Gemisches von gleichen Teilen Soda und Cyankalium. Für den gleichen Zweck ist auch Natriumoxalat (Koninck) und Natriumformiat (Nélissen) empfohlen.

Natrium ist ein besonders wirksames Reduktions- und Aufschließungsmittel; es braucht nicht unter Erdöl aufbewahrt zu werden, sondern hält sich in einer weithalsigen Flasche mit Gummistöpsel monatelang bei nur oberflächlicher Oxydation. Wasser und Feuchtigkeit müssen ferngehalten werden. Natrium darf nur in kleinen Mengen angewandt und nie mit den Fingern angefaßt werden (Hempel, Parsons).

Natriumthiosulfat ($Na_2S_2O_3$), von Kristallwasser befreit, dient zur Überführung der Metalloxyde in Sulfide.

Salpeter, Kaliumnitrat (KNO_3) und Kaliumchlorat ($KClO_3$) werden zu oxydierenden Schmelzungen verwandt.

Saures Kaliumsulfat, Kaliumbisulfat ($HKSO_4$). Das wasserfreie Salz ist, grob gepulvert, in einem gut verschließbaren Glase aufzubewahren. Es dient zur Austreibung flüchtiger Substanzen, die am Geruch oder an der Farbe ihrer Dämpfe erkennbar sind; außerdem zur Aufschließung.

Flußspat (CaF_2), frei von Borsäure, auf welche nach § 168 zu prüfen ist, wird zur Auffindung von Lithium und Borsäure benutzt. Es ist ratsam, in einer gut schließenden be-

---

[1]) Es ist in der Lötrohranalyse üblich, die drei Hauptreagentien Borax, Phosphorsalz und Soda mit ihren Handelsnamen und nicht mit ihren wissenschaftlichen zu bezeichnen.

sonderen Flasche ein Gemisch von 1 Teil feingepulvertem Fluß-spat mit $4^1/_2$ Teilen saurem Kaliumsulfat aufzubewahren. (Turners Reagens.)

Verglaste Borsäure (käuflich zu haben) kommt in kleinen Stücken zur Anwendung und dient zur Auffindung von geringen Mengen Kupfer im Blei.

Kieselerde (SiO_2) zur Prüfung auf Fluor sowie auf schwefel- und phosphorsaure Salze.

Kobaltnitrat ($Co(NO_3)_2 + 6 H_2O$) in Lösung, kurz Kobalt-lösung oder Kobaltsolution genannt; 1 Teil des chemisch reinen Salzes wird in 10 Teilen Wasser gelöst. Da stets nur wenige Tropfen dieses Reagens verwendet werden, bewahrt man es am besten in einer Tropfenflasche auf.

Dieses Reagens dient zur Erkennung einzelner Erden und Metalloxyde, die beim Glühen damit charakteristische Färbungen annehmen.

Kupferoxyd (CuO), durch Glühen von Kupfernitrat in einem Porzellanschälchen leicht zu bereiten, wird zur Entdeckung von Chlor, Brom und Jod benutzt.

Chlorsilber ($AgCl$) im breiigen Zustande zur besseren Hervorbringung einiger Flammenfärbungen. Beim Gebrauch dieses Reagens ist statt Platindrahtes Eisendraht zu nehmen.

Gips ($CaSO_4 + 2 H_2O$), frei von Kalium und Natrium. Zur Auffindung von Lithium benutzt man die Poolesche Mischung von 2 Teilen Gips und 1 Teile Flußspat.

Jodschwefel, erhalten durch Zusammenschmelzen von 40 % Jod und 60 % Schwefel zur Erzeugung der Jodidbeschläge auf Gipsplatten; zum gleichen Zwecke dient Andrews Jod-lösung, welche man erhält, wenn man einer gesättigten wässerigen Lösung von Rhodankalium ($KCNS$) Jod bis zur Sättigung zusetzt. Bestimmte Mengenverhältnisse sind nicht erforderlich.

Magnesiumdraht in Stücken von 5 mm Länge wird bei der Probe auf Phosphorsäure gebraucht.

Zinn findet Anwendung, um in Glasflüssen den höchsten Grad der Reduktion hervorzubringen. Man schneidet Stanniol in schmale Streifen, rollt sie fest auf und berührt damit die heiße Perle, die dadurch etwas geschmolzenes Zinn aufnimmt. Da Zinn sich mit Platin legiert, muß dies auf Kohle geschehen. Will man dies umgehen und die Perle am Platindraht belassen, so wendet man Zinnchlorür an. (Bunsen.)

Reines Blei (Probierblei) wird leicht erhalten, wenn man in eine Bleizuckerlösung einen Zinkstab stellt. Das metallisch ausgeschiedene Blei wird wiederholt gewaschen und dann zwischen Fließpapier getrocknet.

Zink in Stangen oder Körnern dient im Verein mit Salzsäure zur Erkennung einiger seltener Metalle, welche durch den naszierenden Wasserstoff aus ihren Lösungen reduziert und dadurch charakterisiert werden.

Goldkörnchen von 50—80 mg Schwere dienen zur Probe auf Nickel und Kupfer. Um ein Goldkorn von diesen Metallen wieder zu reinigen, schmilzt man es mit Probierblei zusammen, treibt dieses auf Knochenasche ab und schmilzt das Korn noch neben Borsäure auf Kohle.

Metallisches Arsen zur Umwandlung unschmelzbarer Kobalt- und Nickelverbindungen in schmelzbare Arsenmetalle.

Silberblech zur Nachweisung von Schwefelverbindungen; als Ersatz kann eine blanke Silbermünze dienen.

Reagenspapiere, in schmale Streifen geschnitten. Blaues und rotes Lackmuspapier zur Erkennung saurer oder basischer Reaktion und Fernambukpapier zur Auffindung von Fluorwasserstoff.

Schwefelsäure (H_2SO_4), im konzentrierten Zustande, wird bei Prüfungen auf Flammenfärbung benutzt.

Salpetersäure (HNO_3) dient zur Scheidung von Silber und Gold.

Salzsäure (HCl) findet Anwendung bei der Untersuchung flammenfärbender Stoffe, zur Nachweisung von Kohlensäure und, mit Zink zusammen, zur Erkennung einiger seltener Metalle.

Zweites Kapitel.

Die Operationen der Lötrohranalyse.

6. Die Lötrohranalyse beruht hauptsächlich auf den Reduktions- und Oxydationserscheinungen, die hervorgebracht werden, wenn man vermittelst eines Luftstromes einzelne Teile

2*

einer Flamme auf einen zu untersuchenden Körper einwirken läßt. Diese Wirkung beruht auf der Struktur der leuchtenden Flamme. Betrachtet man eine solche Flamme, z. B. die einer Kerze (Fig. 14) so lassen sich daran drei Hauptteile unterscheiden:

1. Ein dunkler Kern a, der die gas- und dampfförmigen Zersetzungsprodukte des durch den Docht aufgesogenen Leuchtmaterials enthält;

2. eine starkleuchtende Zone bb', in welcher infolge ungenügenden Luftzutritts nur eine unvollkommene Verbrennung der brennbaren Kohlenwasserstoffe stattfindet. Hierbei wird Kohlenstoff abgeschieden, der glühend wird und das Leuchten der Flamme bewirkt;

3. eine äußere, bläuliche Hülle cc', wo der Sauerstoff der Luft stets im Überschuß vorhanden ist und daher die vollständige Verbrennung des ausgeschiedenen Kohlenstoffs vonstatten geht. In diesem Flammenteil herrscht die höchste Temperatur; ein hineingebrachter oxydierbarer Körper wird schnell oxydiert.

Außer diesen drei Zonen ist an der Flammenbasis noch ein schön hellblauer Rand bemerkbar. Obwohl hier Sauerstoff genügend hinzutreten kann, findet doch, der zu niedrigen Temperatur wegen, keine vollkommene Verbrennung statt. Die Endprodukte sind Wasserdampf und Kohlenoxydgas, das mit blauer Flamme brennt.

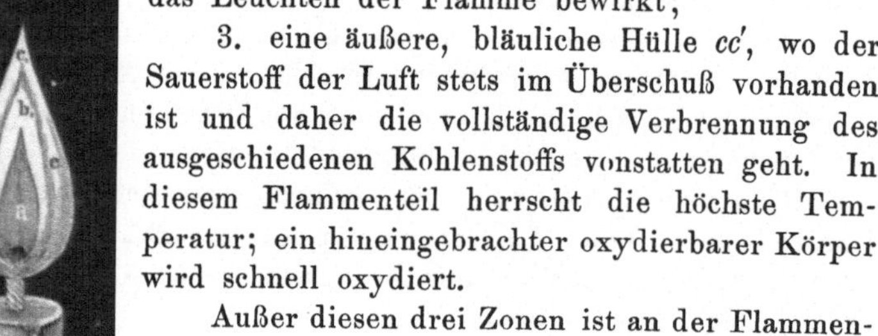

Fig. 14.

Die Flamme einer Öllampe bietet die gleichen Erscheinungen wie eine Kerzenflamme. Bei der Bunsenschen Gaslampe dagegen, wo das Leuchtgas aus einem kleinen Brenner im Innern der Röhre emporsteigt und durch die an ihrem Fuße angebrachten Öffnungen Luft mit fortführt, brennt das Gas mit nichtleuchtender Flamme. Sobald aber die Luftlöcher geschlossen werden, verwandelt sich die Flamme in eine leuchtende, die in ihrer Beschaffenheit der Kerzenflamme entspricht.

Für Lötrohruntersuchungen kommen nur die äußere, oxydierende Flamme cc' und die leuchtende, reduzierende bb' in Betracht. Letztere wird auch innere Flamme genannt.

Um eine Reduktionsflamme zu bekommen, hat man das Lötrohr so zu halten, daß die Platinspitze sich am Rande der

Flamme in einiger Entfernung über dem Lötrohrgasbrenner oder
dem schräg abgeschnittenen, faserfreien Docht befindet. Man läßt
einen gelinden Luftstrom hindurchgehen, welcher die Flamme vor
sich hertreibt, ohne sie vollständig zu durchdringen, so daß darin
glühende Kohlenstoffteilchen noch verbleiben.

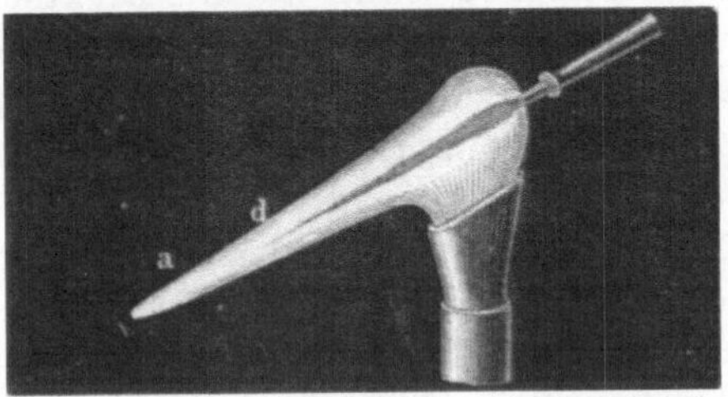

Fig. 15.

Auf diese Weise entsteht eine gelbe, leuchtende Flamme
(Fig. 15), deren wirksamster Teil zwischen a und d, etwas näher
nach a hin, liegt.

Zur Hervorbringung einer Oxydationsflamme hält man
die Lötrohrspitze ein wenig weiter in die Flamme, etwa bis auf
den dritten Teil der Breite, und bläst kräftig. Man erhält dann
eine spitze, nicht leuchtende Flamme (Fig. 16) mit einem inneren

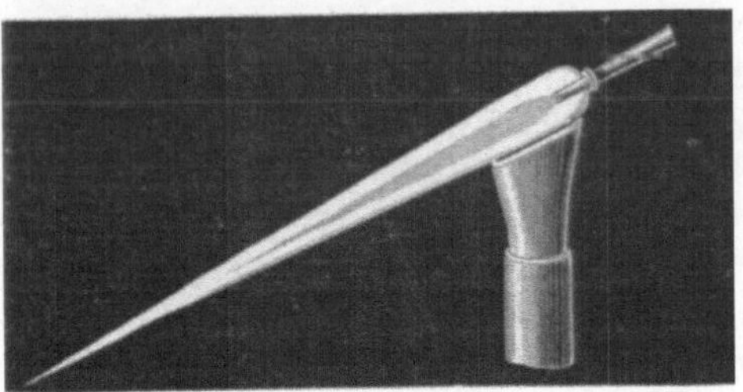

Fig. 16.

blauen Kegel, vor dessen Spitze der heißeste Teil, der Schmelzraum, sich befindet. In diesen bringt man die zum Schmelzen
bestimmten Stoffe, während solche, die oxydiert werden sollen,
etwas weiter ab gehalten werden, damit außer einer hohen
Temperatur ein ungehinderter Luftzutritt vorhanden sei.

Befindet sich bei Oxydationsversuchen die Probe auf Kohle,
so muß schwächer geblasen werden, weil sonst ein Teil der

Kohle zu Kohlenoxydgas verbrennt, das der Oxydation entgegenwirkt.

Des Kohlenoxydgehaltes wegen übt auch der innere blaue Kegel der Oxydationsflamme eine schwach reduzierende Wirkung aus.

Während eine Oxydationsflamme leicht zu erhalten ist, erfordert die Hervorbringung einer guten Reduktion schon einige Übung. Es ist dazu nötig, daß die Probe von dem wirksamen Teil der Flamme dauernd umhüllt und die Reduktionsflamme längere Zeit unverändert erhalten wird. Dabei beachte man, daß die Probe nicht zu weit in die Flamme gehalten wird, weil die Probe sich sonst mit Ruß überzieht, wodurch die Wirkung sehr beeinträchtigt wird. Da von der richtigen Beschaffenheit der oxydierenden und reduzierenden Flammen der Erfolg der Lötrohrversuche wesentlich abhängt, so darf man es im Anfange an Übung und Sorgfalt zur Erzielung wirksamer Flammen nicht fehlen lassen. Als Prüfstein für eine gute Reduktion kann eine manganoxydhaltige Boraxperle dienen, die in der Oxydationsflamme violett, bei starker Sättigung schwarz ist und durch eine gute Reduktionsflamme fast vollständig entfärbt wird. Ebenso kann zur Erkennung einer reinen Oxydationsflamme eine Boraxperle benutzt werden, in der man Molybdänsäure gelöst hat. Eine solche Perle ist im Reduktionsfeuer braun und undurchsichtig und kann nur durch eine gute Oxydationsflamme klar und gelb, nach dem Erkalten farblos werden.

Das Blasen geschieht mit den Wangenmuskeln, ohne Mitwirkung der Atmungsorgane. Man holt durch die Nase Atem, füllt den Mund mit Luft, drückt diese mit Hilfe der Backenmuskeln durch das Lötrohr und verschließt die Mundhöhle so lange mit dem Gaumen, bis der Mund von neuem mit Luft gefüllt werden muß. Dies muß ohne Unterbrechung des Blasens geschehen und wird dadurch erreicht, daß beim nächsten Ausatmen wieder durch den Schlund Luft eingelassen wird. Nur auf diese Weise läßt sich ein konstanter Luftstrom ohne nachteilige Folgen für die Gesundheit hervorbringen.

Man erlangt diese Fertigkeit bald, wenn man sich einige Zeit übt, mit aufgeblasenen Wangen zu atmen, dann das Lötrohr in Gebrauch nimmt und während des Blasens deutlich hörbar, weder schneller noch langsamer als gewöhnlich, Atem holt.

Man hält das Lötrohr mit der rechten Hand so, daß der eingebogene vierte und fünfte Finger unter, der Zeige- und Mittelfinger über dem Windrohr liegen, während der Daumen aufwärts gerichtet als zweiter unterer Stützpunkt dient. Die Vorderarme stützt man durch Anlehnung gegen die Kante des Tisches.

7. Bei der Untersuchung von Stoffen vor dem Lötrohr ist es erforderlich, eine bestimmte Reihenfolge in den Operationen einzuhalten. Als solche empfiehlt sich die folgende.

Prüfung der Substanz:

1. im Glührohre,
2. in der offenen Glasröhre,
3. auf Kohle,
4. mit Borax und Phosphorsalz,
5. in bezug auf Flammenfärbung,
6. mit Soda, Kobaltlösung, Natriumthiosulfat, saurem Kaliumsulfat,
7. auf der Gipsplatte zur Erzeugung der Jodidbeschläge,
8. mit Zink und Salzsäure.

Die Entnahme einer guten, der durchschnittlichen Zusammensetzung der Substanz entsprechenden Probe ist wegen der kleinen zur Untersuchung gelangenden Menge besonders wichtig. Ehe man mit der Analyse beginnt, achte man auf die äußeren Eigenschaften der Substanz, Härte, Geruch, Geschmack, Farbe und Kristallform. Was die Größe der Probe anlangt, so wird die eines Senfkornes im allgemeinen als ausreichend befunden werden. Größere Proben zeigen die Reaktionen keineswegs deutlicher, erfordern nur mehr Arbeit. Bloß bei Reduktionen zu Metall und beim Erhitzen in Glasröhren ist es vorteilhaft, eine etwas größere Menge zu nehmen, denn je größer das gebildete Metallkügelchen oder Sublimat, desto leichter ist die Erkennung. Von Flüssigkeiten, die auf trocknem Wege untersucht werden sollen, dampft man einen Teil in einem Schälchen oder auf Platinblech zur Trockne ein. — Nie unterlasse man einen Teil der Substanz für Bestätigungsversuche und unvorhergesehene Fälle aufzubewahren. Auch gebrauche man die Vorsicht, die Lampe auf einen großen Bogen weißen Papiers, dessen Kanten umgebogen sind, zu stellen, damit eine hinuntergefallene Probe leicht wiederzufinden sei.

Es empfiehlt sich, alle Beobachtungen mit Einschluß der ausgebliebenen Reaktionen aufzuzeichnen. Auch bedenke man, daß in der Wirklichkeit nicht alle Reaktionen so glatt verlaufen, wie es in diesem Abschnitt beschrieben ist. In zusammengesetzten Körpern verdeckt leicht ein Bestandteil die Reaktionen des anderen.

Prüfung im Glührohr.

8. Die Prüfung kann in einem Glaskölbchen oder im Glührohr vorgenommen werden; letzteres ist bei Schwefel-, Selen-, Tellur- und Arsenmetallen vorzuziehen, damit möglichst wenig Luft zugegen sei. In das zuvor gründlich gereinigte Kölbchen oder Rohr wird die Probe so eingeführt, daß nichts davon an den Wänden haften bleibt. Ist dies dennoch der Fall, so reinigt man die Rohrwandung durch Filtrierpapier, das um Eisendraht gewickelt ist. Man erhitzt das horizontal gehaltene Glührohr über einer Gas- oder Spirituslampe, anfangs gelinde, nach und nach zur Rotglut. Durch diese Behandlung ergibt sich, ob die Substanz beständig, ganz oder teilweise flüchtig ist oder eine andere Veränderung erleidet.

I. Die Substanz ist ganz oder teilweise flüchtig.

Dabei sind folgende Erscheinungen zu beachten:

9. 1. **Wasserabgabe.** Die Substanz gibt Wasser ab, das dampfförmig entweicht und sich am kälteren Teile des Rohres kondensiert. Abgesehen von anhaftender Feuchtigkeit, die sich schon bei niedriger Temperatur zu erkennen gibt, deutet dies auf Kristallwasser enthaltende Salze [Nr. 39][1]) oder auf Körper, welche zwischen den Kristallen Wasser mechanisch eingeschlossen haben, das durch plötzliches Austreten Zerknistern bewirkt [Nr. 33]; ferner auf zersetzbare Hydrate, wobei bisweilen eine Farbenänderung eintritt, wie dies bei den wasserhaltigen Eisen-, Kobalt-, Nickel- und Kupfersalzen der Fall ist. Die kondensierten Wassertropfen sind stets mit Lackmuspapier zu prüfen; eine alkalische Reaktion ergibt die Anwesenheit von Ammoniumverbindungen, eine saure, das Vorhandensein von leicht zersetzlichen Salzen flüchtiger Säuren wie Schwefel-, Salpeter-, Chlorwasserstoff-, Fluorwasserstoffsäure. Wird das Glas dicht über der Probe matt, so hat sich entweder schweflige Säure gebildet, die das Glas angreift, wie dies manche Fluorverbindungen,

---

[1]) Die Zahlen in eckigen Klammern [] beziehen sich auf die in der Vorrede erwähnten Übungsbeispiele.

Fluoride bei Anwesenheit von Wasser, in noch höherem Grade tun.

10. 2. G a s - o d e r D a m p f e n t w i c k l u n g. Am häufigsten kommen vor:

a) **Sauerstoff,** leicht dadurch zu erkennen, daß ein in die Röhre gehaltener, glimmender Holzspan sich entzündet. Sauerstoff läßt auf die Anwesenheit von Superoxyden, salpetersauren, chlorsauren, chromsauren oder jodsauren Salzen schließen [Nr. 35].

b) **Schwefeldioxyd,** kenntlich am Geruch und an der Wirkung auf blaues Lackmuspapier, rührt meistens von zersetzten schwefelsauren Salzen her [Nr. 39].

c) **Schwefelwasserstoff,** am Geruch erkennbar, bildet sich aus wasserhaltigen Sulfiden.

d) **Stickstoffdioxyd,** kenntlich an den braunroten Dämpfen und ihrem Geruch, deutet auf salpetersaure oder salpetrigsaure Verbindungen [Nr. 36].

e) **Kohlensäure,** farb- und geruchloses, nicht brennbares Gas, einen an einem Uhrglase haftenden Tropfen Kalkwasser trübend, rührt her von zersetzbaren kohlensauren oder auch von solchen oxalsauren Salzen, die ein reduzierbares Metalloxyd enthalten.

f) **Kohlenoxydgas,** mit blauer Flamme brennbar, deutet auf oxalsaure oder ameisensaure Salze; bei letzteren tritt Verkohlung ein.

g) **Cyan,** von zersetzbaren Cyanverbindungen herrührend, wird an seinem eigentümlichen Geruch erkannt und an der karmoisinroten Flamme, mit der es brennt.

h) **Ammoniak,** kenntlich an dem Geruch und der alkalischen Reaktion, läßt auf Ammoniaksalze [Nr. 27] oder organische stickstoffhaltige Verbindungen schließen; in letzterem Falle verkohlt die Masse gewöhnlich und es entweichen Cyan oder empyreumatische Öle.

i) **Fluorwasserstoffsäure,** greift gerade über der Probe das Glas an, das dadurch matt wird.

k) **Chlor, Brom** und **Jod** sind an der Farbe (grüngelb, braun, violett) und am Geruche zu erkennen. Jod, in nicht zu geringer Menge, verdichtet sich am kälteren Teil der Röhre zu einem grauschwarzen Sublimat.

11. 3. S u b l i m a t b i l d u n g.

α) W e i ß e S u b l i m a t e werden gebildet durch:

a) viele **Ammoniaksalze.** Man entfernt das Sublimat aus der Röhre, bringt es auf Platinblech, setzt Soda und einen Tropfen Wasser hinzu und erhitzt schwach. Alsdann entweicht Ammoniak [Nr. 34].

b) **Quecksilberchloride.** Das Chlorür sublimiert ohne vorherige Schmelzung, wo hingegen das Chlorid zuvor schmilzt. Das Sublimat ist heiß gelb, wird aber unter der Abkühlung weiß [Nr. 42 und 43]. Quecksilberoxyd gibt Kügelchen von metallischem Quecksilber.

c) **Antimonoxyd.** Es schmilzt zu einer gelben Flüssigkeit und bildet dann ein Sublimat, das aus glänzenden nadelförmigen Kristallen besteht [Nr. 12].

d) **Arsentrioxyd** (Arsenigsäureanhydrid). Das Sublimat besteht aus oktaedrischen Kristallen [Nr. 22].

e) **Tellurdioxyd.** Es zeigt ein ähnliches Verhalten wie Antimonoxyd, erfordert aber eine höhere Temperatur und liefert ein amorphes Sublimat.

f) **Osmiumtetroxyd.** Es sublimiert in weißen Tropfen und hat einen chlorartig stechenden, unangenehmen Geruch.

β) G r a u e oder s c h w a r z e S u b l i m a t e mit Metallglanz, sogenannte Metallspiegel, werden gebildet durch:

a) metallisches **Arsen** und solche Arsenverbindungen, welche mehr als 1 Äq. Arsen auf 2 Äq. Metall enthalten, sowie von einigen Schwefelarsenverbindungen [Nr. 73]. Bricht man die Röhre unterhalb des Spiegels ab und erwärmt diesen gelinde, so kommt der eigentümliche knoblauchartige Geruch zum Vorschein.

b) **Quecksilberamalgame** und einige Quecksilbersalze. Das Sublimat, welches nötigenfalls durch die Lupe zu betrachten ist, besteht aus kleinen Quecksilberkügelchen, die sich mit einem Kupferdraht zu größeren Kugeln vereinigen lassen [Nr. 44].

c) einige **Cadmiumlegierungen.**

d) **Tellur.** Das Sublimat bildet sich erst bei sehr hoher Temperatur und besteht aus kleinen Kügelchen, die unter der Abkühlung fest werden.

γ) F a r b i g e S u b l i m a t e werden gebildet durch:

a) **Schwefel** und solche **Sulfide,** die einen großen Schwefelgehalt haben. Das Sublimat ist tiefgelb bis braunrot in der Hitze, schwefelgelb nach der Abkühlung [Nr. 71].

b) **Antimonsulfide,** allein oder in Verbindung mit anderen Sulfiden. Das Sublimat entsteht erst bei sehr hoher Temperatur und setzt sich in geringer Entfernung von der Probe an; es ist heiß schwarz, kalt rotbraun [Nr. 70].

c) **Arsensulfide** und einige Verbindungen von Schwefelmetallen mit Arseniden. Das Sublimat ist in der Hitze dunkel braunrot, kalt rotgelb bis rot [Nr. 76].

d) **Zinnober.** Das Sublimat ist schwarz, ohne Glanz und gibt beim Reiben ein rotes Pulver [Nr. 77].

e) **Selen** und einige Selenverbindungen. Das Sublimat bildet sich erst bei hoher Temperatur, besitzt eine rötliche oder schwarze Farbe und gibt ein dunkelrotes Pulver. Gleichzeitig tritt ein Geruch nach faulem Rettich auf [Nr. 83].

Aus dem Nichterscheinen der im vorhergehenden behandelten Reaktionen ist noch nicht mit Sicherheit auf die Abwesenheit der betreffenden Körper zu schließen; insbesondere können Schwefel, Arsen, Tellur und Antimon sich in Verbindungen befinden, die durch Erhitzen im Glührohre gar nicht oder nur mit Unsicherheit nachgewiesen werden können.

II. Die Substanz verändert sich ohne Verflüchtigung.

12. Viele Substanzen verändern bei der Behandlung im Glührohre nur ihre äußeren Eigenschaften, wobei auf folgende Erscheinungen zu achten ist:

1. Farbenwechsel; er beruht auf Wasserabgabe oder auf Übergang von Salzen in Oxyde oder darauf, daß einige Substanzen warm eine andere Farbe haben als kalt.

a) **Zinkoxyd,** von weiß in gelb, kalt wieder weiß [Nr. 10].

b) **Antimonoxyd,** von weiß in gelb, kalt wieder weiß, zugleich Sublimatbildung.

c) **Zinnoxyd,** von weiß in gelbbraun, kalt schmutzig hellgelb [Nr. 9].

d) **Bleioxyd** (schmelzbar) und **Bleisalze** (Sulfat ausgenommen), die sich dabei in Oxyd verwandeln, von weiß in braunrot, kalt gelb [Nr. 68].

e) **Wismutoxyd** (schmelzbar), von weiß in orangegelb bis rotbraun, kalt blaßgelb [Nr. 13].

f) **Cadmiumsulfid,** von gelb in zinnoberrot, kalt gelb.

g) **Quecksilberoxyd,** von rot in schwarz, kalt rot; bei starkem Erhitzen sublimiert unter Sauerstoffabgabe Quecksilber.

h) **Eisenoxyd,** von rot in schwarz, kalt rot, nach starkem Erhitzen grauschwarz von gebildetem Eisenoxyduloxyd F_3O_4 [Nr. 14].

2. S c h m e l z e n : Alkalisalze.

3. V e r k o h l e n : organische Substanzen.

4. P h o s p h o r e s z e n z : Alkalische Erden, Erden, Zinkoxyd, Zinnoxyd und manche Mineralien (Flußspat, Phosphorit usw.).

5. Z e r k n i s t e r n : Chloralkalien, Bleiglanz, Schwerspat, Flußspat und noch andere Mineralien.

Prüfung in der offenen Glasröhre.

13. Ein Stückchen der Substanz, oder, wenn der Körper beim Erhitzen im Glaskölbchen zerknisterte, eine gepulverte Probe wird etwa 12—15 mm tief in die Röhre eingeführt, diese zur Erzeugung von Luftzug etwas geneigt gehalten und an der Stelle, wo die Probe sich befindet, erhitzt. Es entweicht dadurch die in der Röhre enthaltene erwärmte Luft durch das obere Ende und frische Luft tritt von unten ein. Dadurch wird eine Röstung herbeigeführt und viele Substanzen, die beim Erhitzen im Glührohr unverändert blieben, geben Sublimate oder gasförmige Produkte. Man hat darauf zu achten, daß die Hitze nur allmälich gesteigert wird, weil bei sofortiger Anwendung einer hohen Temperatur die Substanz unoxydiert verflüchtigt werden könnte. Zum Schluß kann die Erhitzung so stark gesteigert werden, wie es das Glas zuläßt. Durch größere oder geringere Neigung der Röhre läßt sich der Luftzug vermehren oder vermindern. Man kann auch durch die Rohröffnung die Oxydationsflamme auf die Substanz selbst richten.

Hat das eingelegte Bruchstück keine deutliche Reaktion gegeben, so muß der Versuch mit gepulverter Substanz wiederholt werden.

Bei dieser Prüfung beobachtet man viele Erscheinungen, die bereits beim Erhitzen im Glasrohr auftraten; im folgenden werden diese nicht nochmals beschrieben, vielmehr nur solche, die durch Oxydation herbeigeführt werden.

Man erkennt:

14. Schwefel. Es bildet sich Schwefeldioxyd, das durch seinen stechenden Geruch und seine Wirkung auf blaues Lackmuspapier kenntlich ist [Nr. 71]. Bei Verbindungen mit hohem

Schwefelgehalt sublimiert Schwefel infolge von unvollkommener Röstung.

15. Arsen. Es entsteht ein weißes, sehr flüchtiges Sublimat von Arsentrioxyd, das aus kleinen oktaedrischen Kristallen besteht. Durch schwaches Erwärmen kann es in der Röhre von einem Platz zum anderen getrieben werden [Nr. 73].

16. Antimon. Es bilden sich weiße Dämpfe, die zum Teil entweichen, zum Teil sich am oberen Ende der Röhre verdichten. Das Sublimat ist ein weißes Pulver und kann, wenn aus reinem Antimonoxyd bestehend, durch Erhitzen verflüchtigt werden. In den meisten Fällen geht aber die Oxydation weiter; es entsteht Antimontetraoxyd Sb_2O_4 (antimonsaures Antimonoxyd $SbO_3 \cdot SbO$) und damit ein weißes, nicht flüchtiges Pulver [Nr. 1].

17. Wismut. Wenn nicht in Verbindung mit Schwefel, umgibt es sich mit geschmolzenem braunem Oxyd, das bei der Abkühlung blaßgelb wird [Nr. 2].

Quecksilberverbindungen, besonders Amalgame sublimieren zu metallischen Kügelchen [Nr. 44].

18. Tellur und Tellurmetalle. Sie werden zu Tellurdioxyd oxydiert, das als weißer Rauch durch die Röhre zieht und am oberen Teil ein weißes, nicht flüchtiges Pulver ansetzt. Beim Erhitzen schmilzt dieses zu farblosen Tropfen, wodurch es von Antimon unterschieden wird.

19. Selen und Selenmetalle. Sie entwickeln den charakteristischen Geruch nach faulem Rettich und geben ein Sublimat von Selen, das in der Nähe der Probe stahlgrau, weiter entfernt rot ist. Weiter oben treten zuweilen noch Kristalle von Selendioxyd auf, die leicht verflüchtigt werden können. Hat man zuviel Substanz genommen, so überwiegt das Selendioxyd und man erhält nur wenig vom charakteristischen roten Selensublimat [Nr. 83].

Prüfung der Substanz auf Kohle.

20. Man legt die Substanz in ein flaches Grübchen der Kohle nahe dem Rande, den man der Lötrohrflamme nähern will, faßt die Kohle zwischen Daumen und Zeigefinger der linken Hand und hält sie ein wenig geneigt, damit sich ein etwa entstehender Beschlag der Länge nach absetzen könne. Ist die Substanz pulverförmig oder mußte sie zerrieben werden, weil sie zerknisterte, so befeuchtet man sie mit etwas Wasser, ehe man sie in das Kohlengrübchen bringt. Man richtet zunächst eine schwache Oxydationsflamme auf die Probe und hält mit Blasen inne, sobald eine Veränderung wahrzunehmen ist. Die Substanz wird den in ihren Wirkungen verschiedenen Oxydations- und Reduktionsflammen ausgesetzt, wobei auf Schmelzbarkeit, Zerknistern, Aufblähen, Verpuffen, Geruch, Flammenfärbung und namentlich auf Beschlagbildung und Metallreduktion zu achten ist. Um schwarze oder braune Beschläge wahrzunehmen, zieht man auf der Kohle der Länge nach einen Kreidestrich.

Ist man gezwungen, statt der Kohle zu einem Ersatz zu greifen, so ist die Benutzung der Fosterschen Tonprismen mit Kohleeinlage die gleiche wie Kohle.

Beim Gebrauch des von Ross eingeführten Aluminiumblechs an Stelle von Kohle verfährt man folgendermaßen. Man legt die Probe auf den schmalen Rand nahe der Biegung und richtet die Oxydationsflamme in etwas steiler Neigung so auf das Objekt, daß die Flammenspitze 1—2 cm entfernt bleibt. Man bläßt anfangs gelinde, dann zunehmend stärker, bis die Beschlagbildung aufhört. Man reinigt dann die Platte und wiederholt die Versuche mit der Änderung, daß man die Probe auf ein kleines Kohlenstückchen (s. S. 13) legt. Wenn kein Beschlag entsteht, versucht man zuvörderst durch Einwirkung der Reduktionsflamme (ohne Abstand) und dann durch Zusatz von etwas Soda zur Probe ihn zu erzielen. Die Reduktionsflamme muß sehr rein sein, weil sonst Rußflecke entstehen, die für Beschläge gehalten werden könnten.

Die Beschläge setzen sich auf der Aluminiumplatte in dickeren Schichten ab als auf Kohle, weil die vertikale Platte die Metalldämpfe besser auffängt und das Aluminium vermöge seiner guten Wärmeleitung an der Einwirkungsstelle der Flamme nicht so heiß wird, wie die schlechtleitende und daher leicht zum Glühen gebrachte Kohle. Was die Beschlagbildung begünstigt, ist aber von Nachteil für die Metallreduktion.

Gipsplatten sind von W. W. Andrews ebenfalls als Ersatz für Kohle empfohlen; zur Erkennung weißer Beschläge werden sie durch Berußen geschwärzt.

Von V. Goldschmidt[1]) ist angeraten worden, die Beschläge statt auf Kohle auf Glasplatten aufzufangen. Diese

---

[1]) Zeitschr. f. Kristallographie. **21**, 329 (1893). N. Jahrb. f. Miner. 1894 [2] 9.

werden in dem von ihm angegebenen Kohlenhalter auf ein Kohlenprisma gelegt, das durch Federkraft an ein keilförmiges Stück Holzkohle gepreßt wird, auf dem die Probe mit dem Lötrohr behandelt wird. Als Vorteile des Verfahrens ist hervorzuheben, daß sich die Beschläge auf Glas leicht weiter untersuchen lassen, sowohl hinsichtlich der Flüchtigkeit, Schmelzbarkeit, Löslichkeit in Wasser, Säuren und Alkalien, wie namentlich auch bezüglich ihres mikrochemischen Verhaltens.

21. 1. Schmelzbarkeit. Von nichtmetallischen Körpern schmelzen leicht: die meisten Salze der Alkalien und einige der alkalischen Erden; ihr Rückstand reagiert nach starkem Glühen alkalisch. Einige von ihnen sind flüchtig und bedecken die Kohle mit Beschlag (vgl. § 39). Unschmelzbar, ohne Farbenänderung bleiben die Verbindungen der Erden und der alkalischen Erdmetalle sowie die Kieselerde und viele ihrer Salze. Die Erden und alkalischen Erden leuchten beim Erhitzen mit weißem Lichte und werden mit Kobaltlösung nach § 71 weiter untersucht.

Unschmelzbar mit Farbenwechsel sind: Zinkoxyd, Zinnoxyd, Titansäure, Niobsäure, Tantalsäure und Wolframsäure, welche sich sämtlich vorübergehend gelb färben.

Von regulinischen Metallen sind leicht schmelzbar: Antimon bei 628 °, Blei bei 327°, Cadmium bei 321 °, Indium bei 176 °, Thallium bei 290 °, Wismut bei 265 °, Zink bei 433 °, Zinn bei 237 °; schwer schmelzbar: Kupfer bei 1084 °, Gold bei 1064 °, Silber bei 962 °. Unschmelzbar bei dieser Behandlung sind: Eisen, Iridium, Kobalt, Molybdän, Nickel, Platin, Osmium Palladium, Rhodium und Wolfram.

2. Zerknistern läßt auf mechanisch eingeschlossenes Wasser, ferner auf Kochsalz und andere Haloidsalze schließen; auch zerknistern viele Mineralien.

3. Verpuffen deutet auf salpetersaure, chlorsaure, jodsaure und bromsaure Salze.

4. Aufblähen auf Wasserabgabe sowie auf borsaure Salze und Alaun.

5. Geruch sofort nach Unterbrechung des Blasens zu beobachten:

Geruch nach brennendem Schwefel deutet auf Schwefelmetalle.

Geruch nach Knoblauch auf Arsen,

„   „   faulem Rettich auf Selen.

22. 6. **Flammenfärbung.** Dieselbe, ein wertvolles Mittel zur Nachweisung einer Anzahl von Elementen, wird besser auf Platindraht oder in der Platinpinzette als auf Kohle vorgenommen (vgl. § 41).

Die wichtigsten Flammenfärbungen sind:

gelb: **Natrium,**

rot: { **Lithium,** karminrot,
{ **Strontium,** scharlachrot,
{ **Calcium,** gelbrot,

grün: { **Kupferoxyd,** smaragdgrün,
{ **Baryum,** gelbgrün,
{ **Borsäure,** zeisiggrün,
{ **Phosphorsäure,** blaugrün,
{ **Molybdänsäure,** gelblichgrün,

blau: { **Selen,** kornblumenblau,
{ **Arsen,** bläulich,
{ **Blei,** fahlblau,
{ **Chlorkupfer,** azurblau, dann grün,

violett: **Kalium.**

23. 7. **Metallreduktion und Beschlagbildung.** Viele Metalloxyde lassen sich bei der Behandlung auf Kohle zu Metallen reduzieren, andere werden außerdem teilweise verflüchtigt, und wieder andere verdampfen so schnell, daß vom Metall gar nichts übrig bleibt. Diese Dämpfe setzen sich auf der Kohle als Beschlag ab und bilden dadurch ein für die Analyse höchst wichtiges Erkennungsmittel. Mit diesen Beschlägen darf die Asche nicht verwechselt werden, die an der Stelle entsteht, wo die Lötrohrflamme auf die Kohle einwirkt.

Die meisten Metalloxyde lassen sich mit Hilfe der Reduktionsflamme allein reduzieren; einige dagegen auf diese Weise nur mit großer Schwierigkeit oder gar nicht. Zur letzten Gattung gehören die Oxyde des Kupfers, Kobalts, Nickels, Eisens, Mangans und Platins. Setzt man einer schwer reduzierbaren Substanz aber etwas Soda zu, so wird die Reduktion wesentlich gefördert. Die Wirkung der Soda beruht in der Hauptsache auf der Bildung von Cyannatrium, das Sauerstoff begierig aufnimmt; daneben dürften noch Kohlenoxydgas und dampfförmig entweichendes

Natrium die Wirkung erhöhen. Bei schwer schmelzbaren Substanzen erweist sich der Zusatz von etwas Borax als nützlich ($^2/_3$ Soda, $^1/_3$ Borax).

Man mengt die gepulverte Probe mit dem vier- bis fünffachen Volumen des Reagens unter Zusatz eines Tropfen Wassers auf der Hand zu einem Teige, den man im flachen Kohlengrübchen dem Reduktionsfeuer aussetzt. Man hält die Kohle etwas geneigt und richtet auch die Flamme in einem Winkel von etwa 30° auf die Probe, die von der reduzierenden Flamme ganz überdeckt sein muß.

Empfiehlt sich auch in erster Linie Soda ihrer Unschädlichkeit wegen zur Beförderung der Reduktion, so reicht sie doch nicht immer aus. Man benutzt in solchen Fällen ein Gemisch von gleichen Teilen Soda und Cyankalium oder verwendet Kaliumoxalat oder Natriumoxalat oder Natriumformiat. Die Anwendung ist in allen Fällen die gleiche, und die Beschlagbildung wird durch diese Reagentien nicht beinträchtigt.

Noch wirksamer als die genannten Reduktionsmittel erweist sich nach Parsons[1]) metallisches Natrium. Ein kleines Stück von höchstens 3—4 mm Durchmesser wird auf einer weichen Unterlage ausgehämmert. Man breitet die feingepulverte Substanz darauf aus und formt das Ganze mit einer Messerklinge (nie mit den Fingern!) zu einer kleinen Kugel, die man auf Kohle in ein flaches Grübchen legt und mit einem Zündholze zur Verpuffung bringt. Der Rückstand wird auf der Kohle geglüht, wobei Natriumoxyd und -hydroxyd in die Kohle sinken, die schmelzbaren metallischen Teile sich zu einer Kugel sammeln und die flüchtigen Metalle ihre Beschläge bilden.

Man erhält:

A. Metallkörner ohne Beschlag.

24. Gold, Silber und Kupfer geben glänzende, geschmeidige Flitter, Molybdän, Wolfram, Platin, Palladium, Iridium, Rhodium, Eisen, Nickel und Kobalt ein graues, unschmelzbares Pulver; die drei letzten Metalle sind magnetisch.

Zur Abscheidung der reduzierten Metalle bricht man die mit dem angewandten Reagens durchdrungene Stelle der Kohle los, zerreibt die Masse im Achatmörser mit wenig Wasser und schlämmt die Kohlenteilchen vorsichtig mit mehr Wasser ab,

---

[1]) Parsons, J. Amer. Chem. Soc. **23,** 159—161.

Landauer, Lötrohranalyse. 3. Aufl. 3

wobei die geschmeidigen Metalle als plattgedrückte glänzende Blättchen, die spröden als metallisches Pulver zurückbleiben. Man betrachtet den Rückstand mit der Lupe und sucht unter Wasser nach magnetischen Bestandteilen. Silber, Gold und Kupfer lassen sich durch ihre weiße, gelbe und rote Farbe unterscheiden. Enthielt die Probe mehrere reduzierbare Metalloxyde, so konnten Legierungen entstehen.

Zu ihrer Erkennung werden die Metalle mit Borax und Phosphorsalz weiter untersucht (§ 40).

B. Metallkörner mit Beschlag.

25. Antimon. Es schmilzt leicht und beschlägt die Kohle mit weißem Oxyd in geringer Entfernung von der Probe. Der Beschlag läßt sich mit der Oxydationsflamme von einer Stelle zur anderen treiben und verwandelt sich in schwarzen, auf Kohle unsichtbaren Metallbeschlag, wenn die Reduktionsflamme darauf einwirkt. Die Flamme wird dabei mattgrün gefärbt. Schmilzt man metallisches Antimon und erhitzt es bis zur Rotglut, so verbleibt es, einige Zeit sich selbst überlassen, in brennendem Zustande und stößt dabei einen dicken, weißen Rauch aus, der sich zum Teil um das Metallkorn herum in weißen, perlglänzenden Kristallen absetzt. Läßt man die glühende Kugel auf eine Unterlage von weißem Papier fallen, so zerteilt sie sich in viele kleine Kügelchen, welche sich hüpfend fortbewegen und die Spuren ihrer Bahn in Gestallt punktierter Linien zurücklassen. — Das Metallkorn ist weiß, oxydierbar und sehr spröde. [Nr. 1.]

26. Wismut. Es schmilzt in beiden Flammen und gibt einen Beschlag, der heiß orangefarbig, kalt zitronengelb ist. Gewöhnlich ist der Beschlag von einem gelblichweißen, aus Wismutcarbonat bestehenden Ring umgeben. Der Beschlag ist der Probe näher, als dies bei Antimon der Fall ist; er kann mit beiden Flammen fortgetrieben werden, erteilt aber abweichend von Antimon und Blei der Reduktionsflamme keine Färbung. — Das Metallkorn ist rötlichweiß, spröde und oxydierbar [Nr. 2].

27. Blei. Leicht schmelzbar, beschlägt es in beiden Flammen die Kohle mit Oxyd, das in der Hitze zitronengelb, kalt schwefelgelb erscheint und mit einem weißen Saum von Bleicarbonat umgeben ist. Der Beschlag befindet sich ungefähr in derselben Entfernung von der Probe, wie der von Wismut, und läßt sich mit beiderlei Flammen forttreiben, wobei die Reduktionsflamme einen himmelblauen Schein erhält. — Das Korn ist grau, geschmeidig und oxydierbar [Nr. 3].

28. Zinn. Es schmilzt mit großer Leichtigkeit und verwandelt sich in der Oxydationsflamme in Oxyd, das fortgeblasen werden kann und dadurch als Beschlag erscheint. Dieser befindet sich stets in unmittelbarer Nähe der Probe, ist in der Hitze gelblich, kalt weiß, und in beiden Flammen nicht flüchtig. In der Reduktionsflamme behält das geschmolzene Metall seinen Metallglanz. — Das Metallkorn ist weiß, geschmeidig und sehr oxydierbar [Nr. 4].

29. Silber. Wie in § 24 erwähnt, wird Silberoxyd leicht zu glänzenden Kügelchen reduziert. Läßt man aber eine Oxydationsflamme anhaltend auf das Korn einwirken, so entsteht dicht bei der Probe ein schwacher, dunkelroter Beschlag [Nr. 5]. Enthält die Probe außer Silber noch Blei oder Antimon, so bildet sich vor dem roten Beschlag erst ein gelber oder weißer; bei gleichzeitiger Anwesenheit von Blei und Antimon ist der Beschlag intensiv karmoisinrot.

30. Thallium. Es schmilzt leicht und beschlägt die Kohle mit weißem Oxyd, das sich durch bloßes Erwärmen forttreiben läßt und beim Berühren mit der Flamme unter grünem Schein verschwindet. Die geschmolzene Metallkugel, welche ebenfalls die Flamme grün färbt, bleibt, nachdem man mit Blasen aufgehört hat, noch längere Zeit flüssig und setzt zuweilen in nächster Nähe einen braunen Beschlag ab.

31. Indium. Es schmilzt mit Leichtigkeit und bildet in der Nähe der Probe einen Beschlag, der heiß dunkelgelb, kalt gelblichweiß ist und sich schwierig durch die Reduktionsflamme forttreiben läßt. Diese bekommt dabei eine schöne blauviolette Färbung.

32. Germanium. Dies Metall schmilzt auf Kohle zur glänzenden Kugel, die unter Ausstoßung eines weißen Rauches und Bildung eines weißen Beschlages in treibende Bewegung gerät. Läßt man die lebhaft glühende Kugel auf eine Papierunterlage fallen, so zerspringt sie wie Antimon in viele kleine Kügelchen, die sich hüpfend weiter bewegen und deren Weg durch hellpunktierte Linien markiert ist. Wegen des höheren Schmelzpunktes und des dadurch bedingten schnelleren Erstarrens ist diese Erscheinung bei Germanium indessen weniger schön als bei Antimon.

Germaniumoxyd (GeO_2) läßt sich auf Kohle durch die Reduktionsflamme, wenn auch etwas schwierig, in regulinisches Germanium überführen, wobei ein weißer Beschlag von Oxyd gebildet wird. Die Anwendung von Soda und anderen alkalischen Zuschlägen muß dabei unterbleiben. (Winkler.)

C. Beschlag ohne Metall.

33. Arsen. Unter Entwicklung des charakteristischen Knoblauchgeruchs verflüchtigt es sich, ohne vorher zu schmelzen, und bedeckt die Kohle mit einem weißen Beschlage, der ziemlich weit von der Probe entfernt ist und von beiden Flammen hervorgerufen wird. Der sehr flüchtige Beschlag verschwindet bei Einwirkung der Lötrohrflamme mit hellblauem Schein [No. 6].

34. Zink. Es ist leicht schmelzbar und verbrennt im Oxydationsfeuer mit einer helleuchtenden, grünlichweißen Flamme. Dabei wird ein dicker, weißer Rauch entwickelt, der sich nahe bei der Substanz als ein in der Hitze gelber, nach der Abkühlung weißer Beschlag absetzt; dieser leuchtet, wenn man die Oxydationsflamme auf ihn richtet, läßt sich aber nicht verflüchtigen [Nr. 7].

35. Cadmium. Es schmilzt leicht und verbrennt im Oxydationsfeuer mit dunkelgelber Flamme zu braunem Oxyd, das als Dampf entweicht und die Kohle im Umkreis der Probe beschlägt. Der charakteristische Beschlag ist kalt rötlichbraun, in dünnen Lagen orangegelb und wird leicht durch beide Flammen ohne farbigen Schein vertrieben. Über den Beschlag hinaus ist ein bunt angelaufener Anflug zu bemerken, der dem Oxydbeschlag vorangeht [Nr. 8].

36. Selen. Leicht schmelzbar und braune Dämpfe ausstoßend, setzt es in geringer Entfernung von der Probe einen stahlgrauen, mattglänzenden, oft rot eingefaßten Beschlag ab. Dieser verschwindet im Reduktionsfeuer mit schön blauem Schein und einem Geruch nach faulem Rettich [Nr. 83].

37. Tellur. Es schmilzt leicht und beschlägt die Kohle in beiden Flammen mit Tellurdioxyd. Der Beschlag befindet sich in geringer Entfernung von der Probe, ist von weißer Farbe mit roter oder dunkelgelber Einfassung und verschwindet in der Reduktionsflamme mit grünem Schein.

38. Molybdän. Dies Metall, ein graues, unschmelzbares Pulver, oxydiert sich unter dem Einfluß der äußeren Flamme und gibt einen zum Teil kristallinischen Beschlag, der heiß gelblich, kalt weiß ist. Bei flüchtigem Anblasen färbt er sich durch Bildung eines Molybdats des Molybdänoxyds schön dunkelblau, bei längerem Blasen dunkelkupferrot, dabei metallisch glänzend [Nr. 79].

39. Außer den im vorstehenden genannten Stoffen liefern noch einige andere Substanzen weiße Beschläge, die bis auf wenige Ausnahmen mit der Oxydationsflamme fortgetrieben werden können und zum Teil mit den vorerwähnten Ähnlichkeit haben und zu Verwechslungen Anlaß geben können. Die wichtigsten Körper dieser Art sind:

1. die Sulfide der Alkalien, des Bleies, Wismuts, Antimons, Zinks (Beschlag nicht flüchtig), Zinns (Beschlag nicht flüchtig) und die Chlor-, Brom- und Jodverbindungen des Ammoniums, Quecksilbers und Antimons; sie beschlagen die Kohle ohne vorher zu schmelzen oder in die Kohle zu ziehen;

2. die Verbindungen der Alkalien mit Chlor, Brom, Jod und Schwefelsäure; sie schmelzen und ziehen in die Kohle, ehe sie verdampfen;

3. die Chlor-, Brom- und Jodverbindungen des Bleies, Zinns, Wismuts, Zinks und Cadmiums, welche zwar schmelzen, aber nicht in die Kohle gehen, bevor sie diese beschlagen.

Prüfung mit Borax und Phosphorsalz.

40. Die Prüfung mit Borax und Phosphorsalz dient hauptsächlich zur Erkennung der Metalloxyde, von denen viele sich in diesen Glasflüssen mit charakteristischen Farben lösen. Unoxydierte Metalle und solche, welche an Schwefel, Arsen oder Antimon gebunden sind, verhalten sich wesentlich verschieden von den reinen Oxyden; sie müssen deshalb, fein pulverisiert, durch eine auf Kohle oder in der offenen Glasröhre vorzunehmende Röstung in Oxyde verwandelt werden, ehe sie zur Untersuchung kommen. Bei der Röstung darf die Temperasur im Anfang nicht zu hoch genommen werden, weil die Substanz sonst schmelzen und sich nur schwer oxydieren würde. Man richtet abwechselnd die oxydierende und reduzierende Flamme auf die Probe, bis diese im glühenden Zustande nicht mehr nach schwefliger Säure oder Knoblauch riecht, dann zerreibt man sie im Achatmörser, was leicht vonstatten gehen muß, andernfalls ist mit der Röstung noch fortzufahren.

Als Unterlage nimmt man bei dieser Prüfung gewöhnlich Platindraht, weil darauf die Farben der Gläser am leichtesten zu erkennen sind; nur solche Metalloxyde, die leicht Metall ausscheiden und dadurch Platin angreifen, werden auf Kohle untersucht.

Um den Borax an den Platindraht zu befestigen, macht man das Öhr desselben feucht oder glühend, taucht es in das Boraxpulver und schmilzt das Anhaftende zu Glas. Dies wiederholt man so oft, bis sich in dem Öhr eine Perle von genügender Größe gebildet hat.

Beim Phosphorsalz geschieht die Herstellung der Perle auf gleiche Weise; sie ist aber etwas umständlicher, weil das Reagens, solange es Ammoniak und Wasser abgibt, aufschäumt und leicht abtropft. Man muß es deshalb stets nur in kleinen Mengen an den Draht bringen, wenn man es nicht auf Kohle zu einer Kugel schmelzen will, die dann an den Draht geschmolzen wird.

Zur Aufnahme der Substanz wird die Perle, die vollkommen farblos sein muß, angefeuchtet oder, solange sie noch weich ist, mit der gepulverten Probe in Berührung gebracht. Man behandelt sie dann zunächst mit der Oxydationsflamme und beobachtet, ob die Substanz sich leicht oder schwer, ruhig oder unter Aufbrausen löst, ob sie klare, trübe (emailartige) oder gefärbte Gläser liefert. Den häufig während der Abkühlung eintretenden Veränderungen ist besondere Aufmerksamkeit zu schenken. Man beginnt den Versuch mit einer möglichst geringen Menge, die man nach und nach vermehrt.

Sodann bringt man die Perle in eine gute Reduktionsflamme, die Ruß nicht absetzen darf, und vergleicht die Resultate mit den vorher gewonnenen. Durch Einführen von etwas Zinnchlorür oder von einem kleinen Stückchen Stanniol (letzteres nur auf Kohle) läßt sich die Wirkung der Reduktionsflamme wesentlich erhöhen.

Um bei stark färbenden Stoffen die Farbe des Glases zu erkennen, kann man entweder die kugelförmige Perle, solange sie heiß ist, mit einer Pinzette platt drücken oder sich eines ringförmigen Öhres bedienen, das ein flaches, linsenförmiges Glas liefert. Auch kann man eine kugelförmige Perle, solange sie flüssig ist, abstoßen und in eine bereitstehende Porzellanschale fallen lassen, um sie dann zu zerkleinern und einen Teil von neuem zu lösen. Das Abstoßen geschieht in der Weise, daß man mit dem Ballen der linken Hand fest auf den Tisch schlägt, wobei der Draht sich über dem Rande der Schale befinden muß. — Ferner kann man an der Perle einen zweiten Platindraht anschmelzen und die beiden Drähte auseinander ziehen.

Flattern. In vielen Fällen gelingt es, durch abwechselnd kräftiges und schwaches Anblasen oder dadurch, daß man die Perle wiederholt aus der Flamme herausnimmt, besondere Effekte zu erzielen. Diese Art des Blasens heißt Flattern. Klare Gläser mit genügendem Sättigungsgrade werden dadurch häufig undurchsichtig, milchweiß oder auch gefärbt. Dies beruht darauf, daß die bei höherer Temperatur aufgelösten Verbindungen sich bei einer niedrigeren, zur Auflösung unzureichenden Hitze wieder ausscheiden; dies geschieht meistens in Gestalt von Kristallen, welche genügend ausgebildet sind, um unter dem Mikroskop erkannt zu werden, wenn man die Perle im heißen Zustande platt drückt oder sie in mit Salpetersäure angesäuertem Wasser löst, um die Kristalle zu isolieren.

Die mikroskopische Untersuchung der Lötrohrperlen, welche in § 118 eingehend beschrieben ist, bietet ein weiteres Mittel zur Charakterisierung einiger Elemente.

Das Verhalten der Metalloxyde zu Borax und Phosphorsalz ist in den umstehenden beiden Tabellen zusammengestellt. Sie sind nach den Farben der heißen, im Oxydationsfeuer geblasenen Perlen geordnet und ergeben für jedes Metalloxyd in einer Reihe die im Oxydations- und Reduktionsfeuer entstehenden Reaktionen. Es sei hierbei darauf hingewiesen, daß die Phosphorsalzgläser im allgemeinen schöner, zum Teil aber auch anders gefärbt sind als die Boraxgläser. Sind mehrere färbende Metalloxyde gleichzeitig vorhanden, so entstehen Mischfarben (s. S. 132).

Das Verhalten der Metalloxyde zu den Gasflüssen nach den Metallen in alphabetischer Reihenfolge geordnet, ist in der zweiten und dritten Kolumne der Tabelle am Schlusse des Buches eingehend beschrieben.

Dem Anfänger ist anzuraten, mit Hilfe reiner Metalloxyde Perlen in mehreren Sättigungsgraden anzufertigen und sich die Farben genau einzuprägen, weil weder Beschreibungen noch farbige Tafeln ein der Wirklichkeit völlig entsprechendes Bild geben können. Diese Perlen lassen sich in zugeschmolzenen Glasröhren längere Zeit aufbewahren [1]).

------

[1]) V. Goldschmidt (Z. f. Kristallographie 29, 33) hat Tafeln aus farbigen Gläsern anfertigen lassen, welche bei P. Stoë in Heidelberg zum Preise von 20 Mk. zu haben sind.

Verhalten zu Borax.

Abkürzungen: d. Fl. = durch Flattern; b. l. Bl. = bei längerem Blasen;
st. ges. = stark gesättigt.

| In der Oxydationsflamme | | In der Reduktionsflamme | | deutet auf Verbindungen von |
heiß	kalt	heiß	kalt	
grün	blau bis blaugrün	farblos	rot, b. l. Bl. auf Kohle farblos	Kupfer
blau	blau	blau	blau	Kobalt
violett, st. ges. schwarz	rotviolett, st. ges. schwarz	farblos	farblos bis rosa	Mangan
violett	rotbraun	grau, b. l. Bl. farblos	grau, b. l. Bl. farblos	Nickel
gelb bis rot	grasgrün	grün	smaragdgrün	Chrom
„	farblos bis opalartig	braun	braun (undurchsichtig) [1]	Molybdän
„	farblos bis gelb, d. Fl. emailartig	farblos	farblos, st. ges. emailweiß	Cer
„	„	grün	flaschengrün, st. ges., d. Fl. schwarz	Uran
„	farblos bis gelb	„	flaschengrün	Eisen
gelb	grüngelb	bräunlich	smaragdgrün	Vanadin
„	farblos, st. ges. gelb und opalartig	grau, b. l. Bl. farblos	grau, b. l. Bl. farblos	Wismut
„	farblos, d. Fl. unklar	„	„	Blei
gelblich	farblos	„	„	Antimon
„	farblos, st. ges. emailweiß	„	„	Cadmium
„	„	„	„	Zink
farblos st. ges. gelb	„	gelb	gelblichbraun	Wolfram
„	farblos, d. Fl. unklar	gelb bis braun	gelb bis braun, st. ges., d. Fl. emailblau	Titan
farblos	„	farblos, st. ges. grau	farblos, st. ges. grau	Niob
„	„	st. ges. rosa	st. ges. rosa	Didym
„	„	farblos	farblos, d. Fl. unklar	Tantal
„	„	„	„	Lanthan
„	„	„	„	Thor
„	„	„	„	Zirconium
„	„	„	„	Yttrium
„	„	„	„	Beryllium
„	„	„	„	Magnesium
„	„	„	„	Calcium
„	„	„	„	Strontium
„	„	„	„	Baryum
„	„	grau, b. l. Bl. farblos	grau, b. l. Bl. farblos	Tellur
„	„	„	„	Silber
„	farblos	farblos	farblos	Zinn
„	„	„	„	Aluminium
„	„	„	„	Silicium

[1] Bei gutem Reduktionsfeuer scheiden sich schwarze Flocken von Molybdänoxyd in der gelblich gewordenen Perle aus.

Verhalten zu Phosphorsalz.

Abkürzungen: d. Fl. = durch Flattern; b. l. Bl. = bei längerem Blasen; st. ges. = stark gesättigt.

| In der Oxydationsflamme | | In der Reduktionsflamme | | deutet auf Verbindungen von |
heiß	kalt	heiß	kalt	
gelbgrün	schwach gelbgrün, fast farblos	schmutzig-grün	reingrün	Molybdän
grün	blau	dunkelgrün	rot (trübe)	Kupfer
blau	blau	blau	blau	Kobalt
violett	violett	farblos	farblos	Mangan
rötlich / schmutzig-grün	smaragd-grün	rötlich	grün	Chrom
rötlich bis braunrot	gelb bis rötlichgelb	"	gelb	Nickel
gelb bis rot	farblos	farblos	farblos	Cer
gelbrot / grün	farblos bis gelbbraun	gelb bis rot / grünlich	farblos bis rötlich	Eisen
dunkelgelb	hellgelb	bräunlich	smaragdgrün	Vanadin
gelb	gelbgrün	schmutziggrün	schön grün	Uran
"	gelb, st. ges. opalartig	grau, b. l. Bl. farblos	grau, b. l. Bl. farblos	Silber
farblos, st. ges. gelb	farblos	st. ges. braun[1]	st. ges. braun[1]	Niob
"	"	gelb	violett[2]	Titan
"	"	schmutziggrün	blau[2]	Wolfram
"	"	farblos	farblos	Tantal
"	farblos, st. ges. milchweiß	grau, b. l. Bl. farblos	grau, b. l. Bl. farblos	Wismut
"	"	"	"	Antimon
"	"	"	"	Blei
"	"	"	"	Cadmium
"	"	"	"	Zink
farblos	farblos	"	"	Tellur
"	"	farblos	b. l. Bl. violett	Didym
"	farblos, d. Fl. unklar	"	farblos, d. Fl. unklar	Lanthan
"	"	"	"	Thor
"	"	"	"	Zirconium
"	"	"	"	Yttrium
"	"	"	"	Beryllium
"	"	"	"	Magnesium
"	"	"	"	Calcium
"	"	"	"	Strontium
"	"	"	"	Baryum
"	farblos	"	farblos	Zinn
"	"	"	"	Aluminium
Kieselskelett	Kieselskelett	Kieselskelett	Kieselskelett	Silicium

[1] Auf Zusatz eines Eisensalzes heiß braunrot, kalt dunkelgelb.
[2] Auf Zusatz eines Eisensalzes blutrot.

Prüfung der Flammenfärbung.

41. Viele Körper, namentlich die Alkalien und alkalischen Erden sind leicht und sicher daran zu erkennen, daß sie eine nicht leuchtende Flamme in charakteristischer Weise färben. Die Chlorverbindungen erzeugen die besten Färbungen; aus diesem Grunde pflegt man eine für sich untersuchte Substanz nach Befeuchten mit Salzsäure oder Zusatz von Chlorsilber nochmals in die Flamme einzuführen. — Silikate schmilzt man mit kalium- und natriumfreiem Gips, wobei sich Calciumsilikat und flüchtiges schwefelsaures Alkali bildet, das die Färbungen der Flamme hervorbringt.

Man bedient sich zu diesen Versuchen entweder der blauen Lötrohrflamme oder, was viel bequemer ist, der nicht leuchtenden Flamme eines mit einem Schornstein versehenen B u n s e n schen Gasbrenners. Die Probe wird als Splitter in der Platinpinzette oder als Pulver im Öhr des Platindrahtes in die Flamme gebracht; eine Flüssigkeit an einem plattgeschlagenen Platinöhr. Ein dunkler Hintergrund sowie ein Ort, wo weder direktes Sonnenlicht noch große Tageshelle vorhanden, begünstigen die Anstellung dieser Versuche.

Sind mehrere flammenfärbende Elemente in einer Substanz enthalten, so entsteht entweder eine gemischte, unbestimmte Farbe oder es tritt der Fall ein, daß ein Stoff den anderen ganz verdeckt; bei Anwesenheit einer Natriumverbindung ist z. B. die von Kaliumsalzen hervorgebrachte violette Farbe vollkommen unsichtbar. Um in solchem Falle die verschiedenen Bestandteile aufzufinden, verfährt man nach §§ 42 und 57.

Die von den flammenfärbenden Elementen in reinem Zustande hervorgebrachten Reaktionen sind, den Farben nach geordnet, die folgenden:

Rote Flammen:

L i t h i u m : karminrot. Natriumsalze verhindern die Reaktion.
S t r o n t i u m : scharlachrot [1])   } Baryumsalze „   „   „
C a l c i u m : gelbrot [1])   }

Gelbe Flammen:

N a t r i u m : orangegelb.

---

[1]) Besonders nach Befeuchten mit Salzsäure.

Grüne Flammen:

Kupferoxyd: smaragdgrün; nach Befeuchten mit Salzsäure blau.

Thallium: grasgrün.

Phosphorsäure: bläulichgrün } in den Salzen nach Be-
Borsäure: zeisiggrün. } feuchten mit Schwefelsäure.

Baryumsalze: gelbgrün[1]).

Molybdänsäure: schwach gelblichgrün.

Tellurdioxyd: grün, dabei rauchend.

Salpetersäure: bronzegrün, schnell vorübergehend.

Blaue Flammen:

Chlorkupfer: azurblau, später grün.

Indium: indigblau.

Selen: kornblumenblau, dabei entsteht der Geruch nach faulem Rettig.

Arsen: bläulich.

Antimon: mattgrün.

Blei: blau.

Violette Flammen:

Kalium: violettrot. Natrium und Lithiumsalze verhindern die Reaktion.

Caesium } verhalten sich wie Kalium.
Rubidium }

42. Um mehrere flammenfärbende Elemente nebeneinander aufzufinden, bedient man sich am besten des Spektroskops (siehe § 57). Aber auch ohne dieses Instrument lassen sich nach Merz[2]) mehrere flammenfärbende Bestandteile nebeneinander erkennen, wenn man farbige Gläser (siehe § 4) anwendet und den verschiedenen Flüchtigkeitsverhältnissen der Substanzen Rechnung trägt.

Die Wirkung der farbigen Gläser, die beim Gebrauch dicht vor die Augen gehalten werden, beruht darauf, daß sie nur für gewisse Strahlen durchlässig sind, alle übrigen aber absorbieren. Das rote Glas z. B. hält alle Strahlen mit Ausnahme der roten fern, das blaue nur gewisse rote und grüne sowie sämtliche gelbe Strahlen. Bei einer von einem Gemenge von Natrium- und Kaliumsalzen gefärbten Flamme absorbiert daher ein blaues Glas

---

[1]) Besonders nach Befeuchten mit Salzsäure.
[2]) G. Merz, Flammenfärbungen, J. f. prakt. Chemie 80, 487.

die gelbe Natriumfärbung und macht nur die violette Kaliumflamme sichtbar.

Um durch Verwertung der ungleichen Flüchtigkeit die
Reaktionen der leichter und schwerer flüchtigen Bestandteile
eines Körpers nacheinander beobachten zu können, bringt man
die Substanz erst an den Saum der Flamme, dann in den Mantel
und schließlich in den heißesten Teil. Man unterscheidet dementsprechend drei Arten von Flammenfarben [1]).

1. Saumfarben, die außerhalb des Flammenteils an
einem selbständig angesetzten Saum auftreten und nur von den
flüchtigsten Körpern hervorgerufen werden. Sie entstehen, wenn
man das Platinöhr außerhalb der Flamme und parallel mit deren
Achse 1—2 mm vom unteren Flammenteil entfernt hält.

2. Mantelfarben, die in dem äußeren nicht leuchtenden Flammenteil zum Vorschein kommen. Die Entfernung des
senkrecht gehaltenen Platinöhres beträgt etwa 1 mm.

8. Flammenfarben, die sich auf die größere Hälfte
der ganzen Flamme erstrecken; sie entstehen, wenn man das
Öhr horizontal in den heißesten Teil des Mantels hält.

Nach ihrer Flüchtigkeit lassen sich alle flammenfärbenden
Körper in drei Klassen teilen: in 1. gewisse Säuren, 2. Alkalien
und 3. alkalische Erden. Hierzu kommt von den Schwermetallen
das Kupfer.

Bringt man auf die oben beschriebene Weise die Substanz
in die Flamme, so erkennt man zuerst

1. die Säuren.

43. a) **Salpeter-** und **salpetrige Säure** geben eine wenig
charakteristische bronzegrüne, sehr weit abstehende Saumfarbe,
in der Regel mit orangefarbenem Rand. Die Probe wird vorher
an der Flamme getrocknet und dann entweder in verdünnte Salzsäure oder in eine Lösung von saurem Kaliumsulfat getaucht, je
nachdem auf salpetrige oder Salpetersäure geprüft werden soll.

---

[1]) Die Flamme einer Bunsenschen Gaslampe (Fig. 21) ist für diese
Versuche am besten geeignet, weil man des Blasens überhoben ist und
die ganze Aufmerksamkeit auf die Reaktionen lenken kann, die ohnehin in den meisten Fällen eine schnelle Beobachtung erfordern. Steht
Leuchtgas nicht zu Gebote, so ist ein Standlötrohr zu gebrauchen,
weil bei diesen Versuchen beide Hände frei sein müssen. Mit der einen
Hand wird die Probe, mit der anderen das farbige Glas gehalten.

Ammoniak- und Cyanverbindungen geben dieselbe Reaktion, aber noch weniger stark.

44. b) **Phosphorsäure** erzeugt nach Befeuchten der heißen Probe mit Schwefelsäure, wenn man sie im äußeren Saum der Flamme tunlichst weit unten hält, dicht bei der Probe eine zart blaugrüne Farbe, weiter ab zunächst eine graugrüne, dann eine gelbgrüne (Richards). Neben Borsäure läßt sich die Phosphorsäure nur an der grünen Kernfarbe erkennen, die entsteht, wenn man die Substanz nach Befeuchten mit Kieselflußsäurelösung in einer Wasserstoffflamme erhitzt. Hierbei läßt man das Wasserstoffgas aus einer Platinspitze (z. B. dem Seitenrohr des Lötrohres) ausströmen [Nr. 27].

45. c) **Borsäure** gibt eine schön grüne Mantelfarbe, welche so intensiv ist, daß diese Säure selbst neben großen Mengen Phosphorsäure aufzufinden ist. Borsaure Salze müssen durch Schwefelsäure zersetzt werden [Nr. 26].

46. d) **Molybdänsäure** gibt eine baryumähnliche gelbgrüne Flammenfarbe [Nr. 79].

47. e) **Salzsäure** oder mit Schwefelsäure befeuchtete Chlorverbindungen bringen eine sehr schwache, grünliche Saumfarbe hervor; sie ist von kurzer Dauer und entgeht leicht der Beobachtung.

2. Die Alkalien.

48. a) **Kalium** gibt eine blaugraue Mantelfarbe und eine rosaviolette Flammenfarbe. Diese Farben erscheinen durch das blaue Glas rotviolett[1]) (Erkennung neben Natrium), violett durch das violette und durch das grüne Glas blaugrün. Neben Lithium wird Kalium durch das grüne Glas, durch eine dicke Schicht des blauen Glases oder durch das mit Indigo- oder Kaliumpermanganatlösung gefüllte Prisma erkannt. Die Kaliumflamme kann durch alle Schichten des Prismas wahrgenommen werden, während das Lithiumrot nur bis zu einer gewissen Grenze sichtbar ist. Bezeichnet man diese Stelle nach Vorversuchen mit Chlorlithium mit einer schwarzen Marke, so erhält man die Schichten, die nur noch Kaliumstrahlen durchlassen[2]).

Die Probe [Nr. 30] wird mit Schwefelsäure befeuchtet, getrocknet und wiederholt auf k u r z e Zeit in die Flamme gebracht.

---

[1]) C a r t m e l l, Philos. Mag. (1858) 328.
[2]) B u n s e n, Ann. Chem. u. Pharm., **111**, 267.

Organische Substanzen, welche Kohle ausscheiden, müssen vor dem Versuch durch Glühen beseitigt werden, weil sie gleichfalls eine violette Färbung verursachen; auch die roten und violetten Strahlen des glühenden Platindrahtes dürfen nicht mit der Kaliumreaktion verwechselt werden, bei der sich die Färbung stets von der Probe nach der Spitze der Flamme emporzieht.

49. b) **Natrium** gibt eine orangegelbe Flammenfarbe, die durch das blaue Glas in großer Menge blau erscheint, in kleiner nicht sichtbar ist. Durch das grüne Glas betrachtet, besitzt die Flamme eine orangegelbe Farbe, was für Natrium in allen Verbindungen charakteristisch ist.

Bringt man iu die Nähe einer Natriumflamme einen Kristall von Kaliumbichromat oder ein mit Quecksilberjodid bestrichenes Papier oder eine Siegellackstange, so erscheinen diese Körper farblos mit einem Stich ins Fahlgelbe [Bunsen[1])].

Die Probe wird mit Schwefelsäure befeuchtet, getrocknet und in den heißesten Teil der Flamme gehalten [Nr. 33 und 58].

50. c) **Lithium** erzeugt eine karminrote Flammenfarbe, die durch das blaue Glas violettrot, durch das violette karminrot erscheint, durch das grüne aber verschwindet. Neben Natrium erkennt man das Lithium durch das blaue Glas. Zur Auffindung neben Kalium verfährt man nach Bunsen[1]) auf folgende Weise: Man bringt die Probe in den Schmelzraum und vergleicht mit Hilfe des Indigoprismas die Flamme mit einer im gegenüberliegenden Schmelzraum erzeugten reinen Kaliumflamme. Bei dünnen Schichten zeigt sich die lithiumhaltige Flamme roter als die reine Kaliumflamme; bei dickeren Schichten werden die Flammen gleich rot, wenn das Verhältnis des Lithiums zum Kalium sehr gering ist. Herrscht Lithium in der Probe vor, so nimmt die Intensität der rot gewordenen lithiumhaltigen Flammen merklich ab, während die reine Kaliumflamme dadurch fast gar nicht geschwächt wird. Auf diese Weise lassen sich noch einige Tausendstel Lithium in Kaliumsalzen entdecken. Natrium, wenn es nicht in allzu großer Menge vorhanden ist, ändert diese Vorgänge nur wenig [Nr. 59].

Eine Verwechslung von Kalium und Lithium mit Strontium ist nicht zu befürchten, wenn man die Substanz auf die beim Kalium angegebene Weise in die Flamme bringt, weil Strontium

---

[1]) Bunsen a. a. O.

bei dieser niedrigen Temperatur noch nicht zur Verflüchtigung gelangt.

3. Die alkalischen Erden.

Die Probe wird wiederholt mit Schwefelsäure befeuchtet, getrocknet und in den heißesten Punkt des Mantels gehalten. Nachdem alle Alkalien verdampft sind, bemerkt man zuerst:

51. a) **Baryum**, das eine gelbgrüne Flammenfarbe hervorbringt, die durch das grüne Glas blaugrün erscheint. Ist das Grün verschwunden und eine rote Flammenfarbe (Calcium ziegelrot, Strontium scharlachrot) zum Vorschein gekommen, so befeuchtet man die Probe wiederholt mit Salzsäure und bringt sie noch naß in den heißesten Punkt der Flamme. Baryumsulfat gibt sich nur undeutlich oder gar nicht zu erkennen; wenn man aber die Substanz der Reduktionsflamme aussetzt, nach dem Erkalten mit Salzsäure befeuchtet (H_2S - Geruch) und wieder in die Flamme bringt, so tritt die Grünfärbung deutlich hervor. Zeigt sich nun selbst beim **Aufspritzen** durch das grüne Glas keine blaugrüne Farbe mehr, so geht man zur Prüfung auf Calcium über [Nr. 54].

52. b) **Calcium** gibt eine gelbrote Flammenfarbe, die beim Aufspritzen der Probe, d. i. wenn sie die letzten Teile Salzsäure verliert, durch das grüne Glas zeisiggrün erscheint. Strontium gibt hierbei ein verschwindend schwaches Gelb [Nr. 52].

53. c) **Strontium** ist kenntlich an der Purpur- bis Rosafarbe, die man durch das blaue Glas wahrnimmt, wenn die mit Salzsäure befeuchtete Probe in der Flamme verspritzt [Nr. 53]; Calcium zeigt hierbei ein schwaches Grüngrau.

4. Das Kupfer.

54. Das **Kupfer** gibt als Chlorid eine himmelblaue, als Nitrat eine reingrüne Flammenfarbe. Durch die Kombination beider Reaktionen ist jede Verwechslung ausgeschlossen [Nr. 40 und 69].

55. Die übrigen flammenfärbenden Elemente, wie Arsen, Zinn, Blei, Quecksilber und Zink, zeigen besonders als Chlormetalle mehr oder weniger intensiv bläuliche bis grünliche Mantelfarben, die jedoch für die Analyse von geringem Wert sind. Man kann in der Regel das Auftreten dieser Farben durch Befeuchten der Probe mit konzentrierter Schwefelsäure verhindern. Am besten ist es indessen, die Beschlag gebenden Metalle auf

Kohle abzuscheiden, ehe man mittelst Flammenfärbung auf Alkalien oder alkalische Erden prüft.

56. Um in Silikaten die Alkalien nachzuweisen, genügt es, die Probe auf Platindraht mit etwas kalium- und natriumfreiem Gips oder einem Gemisch von 2 Teilen Gips und 1 Teil Flußspat aufzuschließen. Wird dagegen eine Prüfung auf alkalische Erden beabsichtigt, so ist eine Aufschließung mit Soda erforderlich. Man schmilzt die Substanz mit dem Reagens im Platinlöffel, laugt die Schmelze mit Wasser aus und setzt etwas Salzsäure hinzu, wodurch der Rückstand unter Abscheidung von Kieselsäure gelöst wird.

Spektroskopische Prüfung.

57. Um mehrere flammenfärbende Elemente nebeneinander aufzufinden, ist es am einfachsten und sichersten, sich des Spektroskops zu bedienen. Betrachtet man eine durch glühende Gase oder Dämpfe gefärbte nichtleuchtende Flamme durch das Spektroskop, so erblickt man auf dunklem Grunde helle, farbige Linien, die für jeden Körper charakteristisch sind, so daß man ihn, wenn er allein auftritt oder in einem Gemisch enthalten ist, daran erkennen kann. Diese Spektralreaktionen übertreffen an Empfindlichkeit und Genauigkeit alle analytischen Methoden.

Für Lötrohruntersuchungen eignen sich wegen ihrer leichten Handhabung und Transportierbarkeit am besten die geradsichtigen Spektroskope, wie sie zuerst von Browning hergestellt sind und in vorzüglicher Ausführung von Franz Schmidt und Haensch in Berlin und von Carl Zeiß in Jena angefertigt werden.

Ein einfaches Instrument dieser Art ist in Fig. 17 abgebildet. Man kann damit eine Lichtquelle direkt anvisieren; die Lichtstrahlen treten durch den mittelst des geriffelten Ringes B enger und weiter zu stellenden Spalt S ein, erhalten zunächst durch die Sammellinie O eine parallele Richtung und durchlaufen dann das Prismensystem P, durch welches sie gebrochen werden. Die Einstellung auf das Spektrum erfolgt durch Verschieben des Auszuges P. Die Kappe K dient zum Schutze des Spaltes. Dieses Taschenspektroskop ist auch mit einem abnehmbaren Vergleichsprisma und einem um die Achse drehbaren Beleuchtungsspiegel erhältlich; durch das Vergleichsprisma kann eine seitwärts vom Spalt befindliche zweite Lichtquelle gleichzeitig untersucht werden. Die beiden Spektra erscheinen übereinander und lassen auf den ersten Blick erkennen, ob die Linien der Probesubstanz mit denen eines vermuteten Stoffes übereinstimmen.

Die besseren Handspektroskope (Fig. 18) besitzen in einem durch Knieansatz mit dem Hauptrohre verbundenen Nebenrohre

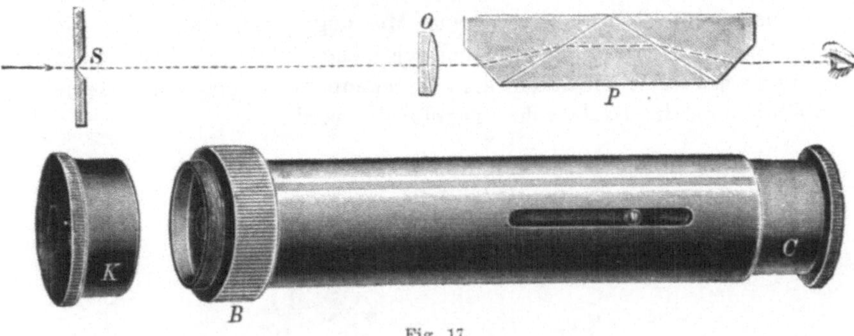

Fig. 17.

eine Skala, die durch ein Reflexionsprisma auf die letzte Fläche des Prismenkörpers geworfen und von dieser in das Auge des

Fig. 18.

Beobachters reflektiert wird. Um richtige Messungen für weitsichtige und kurzsichtige Augen zu sichern, ist an dem Handspektroskop von Franz Schmidt und Haensch (Fig. 18) statt der Auszugsvorrichtung zum Einstellen des Spektrums von Martens eine Linsenscheibe angeordnet, welche verschieden starke Linsen enthält. Durch Drehen der Scheibe kann der Beobachter jede Linse vor die Austrittsöffnung des Instruments bringen und sich die Linse aussuchen, welche ihm Spalt und Skala zugleich deutlich zeigt. Hierdurch bleibt der Winkelabstand zweier Spektrallinien (Länge des Spektrums) wie auch der Winkelabstand zweier mit den Linien zusammenfallender Skalenteile (Länge der Skala) konstant und wird eine genaue Messung ermöglicht. Für die Beleuchtung der Skala bei lichtschwachen Flammen kann nach Beckmann eine durch eine Trockenbatterie gespeiste kleine Glühlampe im Skalenrohre angebracht werden.

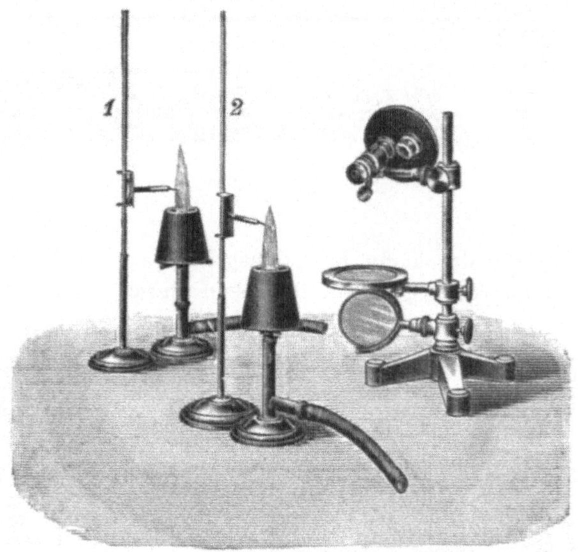

Fig. 19.

Beim Gebrauch befestigt man das Instrument an einem verstellbaren Stativ und schützt das Auge durch einen Schirm vor den direkten Strahlen der Lichtquelle. Die Fig. 19 zeigt eine zweckmäßige Versuchsanordnung zum Vergleiche der Spektra zweier Lichtquellen. Die Stative 1 und 2 dienen dazu, um Salzperlen an der Platindrahtschlinge in der Bunsenflamme zu verdampfen. Der Beleuchtungsspiegel des Spektroskops ist nach unten gerichtet. Die geradeaus aufgestellte Flamme (2) beleuchtet die untere, die seitlich befindliche (1) mit Hilfe des Vergleichsprismas die obere Hälfte des Spaltes. Ratsam ist, das Spektroskop etwas nach unten zu richten.

Statt der Bunsenflamme kann man die durch ein Gebläse erzeugte Flamme eines Standlötrohres benutzen. Von Spirituslampen liefert nur die Barthelsche genügend Hitze, um die Flammenspektra hervorzubringen. Funken- und Bogenspektra kommen für Lötrohruntersuchungen nicht in Betracht.

Die Skala der Handspektroskope ist entweder mit gleichmäßiger oder mit Wellenlängenteilung versehen.

Bei der Wellenlängenskala sind die Teilstriche infolge der bei Prismenspektren ungleichen Breite der Farbenfelder an einigen Stellen so eng zusammengedrängt, daß die Messung erschwert wird. Skalen mit gleichen Abständen sind in dieser Beziehung vorzuziehen; nur müssen die abgelesenen Zahlen auf Wellenlängen zurückgeführt werden. Diese Umrechnung der Skalenteile ist bei allen Prismenspektroskopen unerläßlich, weil man nicht Apparate mit völlig gleicher Dispersion herzustellen vermag, und daher die relative Lage der einzelnen Linien zueinander in verschiedenen Instrumenten eine ungleiche ist.

Als Einheitsmaß für die Wellenlänge λ ist der millionste Teil eines Millimeters, 0,001 Mikron, gewählt und mit $\mu\mu$ bezeichnet. Ein Zehntel dieses Maßes, 0,1 $\mu\mu$, nennt man die Angströmsche Einheit der Wellenlänge (A.-E).

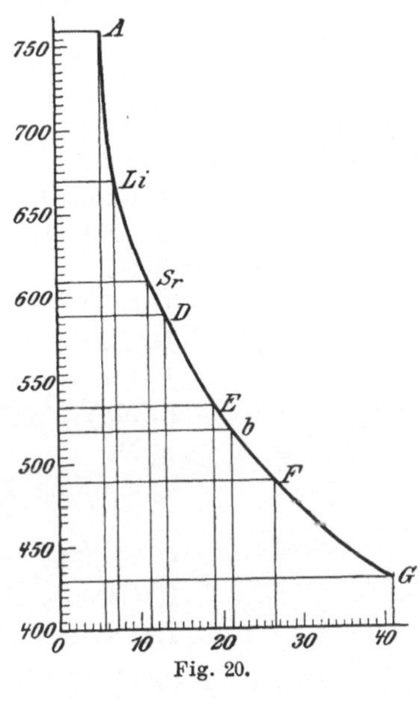

Fig. 20.

Die Umrechnung auf Wellenlänge geschieht am bequemsten mit Hilfe einer leicht zu entwerfenden Interpolationskurve. Man nimmt Millimeterpapier und trägt in horizontaler Richtung (Abszisse) die Skalenteile und in vertikaler (Ordinate) die schon bekannten entsprechenden Wellenlängen zwischen 4000 und 8000 ein und verbindet die erhaltenen Schnittpunkte durch eine möglichst gleichmäßig gekrümmte Linie. Man erhält dann für das betreffende Instrument eine ähnliche Dispersionskurve, wie sie in Fig. 20 abgebildet ist und von der man die Wellenlänge aller Skalenteile und umgekehrt ablesen kann.

4 *

Zur Anfertigung der Kurve bestimmt man die Lage der folgenden Linien, für welche die Wellenlängen in Angströmschen Einheiten angegeben sind. Da den meisten älteren Messungen die alte Kirchhoff-Bunsensche Skala zugrunde gelegt ist, so sind auch deren Skalenteile beigefügt, damit man sich nötigenfalls eine zweite Interpolationskurve anfertigen kann.

		Wellenlänge in Angströmschen Einheiten	Skalenteile nach Kirchhoff-Bunsen
Flammenspektra	Li	6708	31,8
	Na	5896⎱ Durchschn. 5890⎰ 5893	50
	Tl	5350	67,8
	Sr	4607	105,5
Fraunhofersche Linien	A (atm. O)	7608[1])	17,5
	B (atm. O)	6870	28,9
	C (H)	6563	35
	D_1(Na)	5896⎱ Durchschn.	
	D_2(Na)	5890⎰ 5893	50
	E (Ca, Fe)	5270	70,9
	b_1(Mg)	5184	74,5
	b_2(Mg)	5173	74,8
	b_3 u. b_4(Mg, Fe)	5168	75
	J (H)	4861	90
	G (Ca, Fe)	4308	127,3
	H (Ca)	3969	161,2
	K (Ca)	3934	165,7

Wer ein Spektroskop ohne Skala benutzt, bedient sich zur Orientierung der Fraunhoferschen Linien des Sonnenlichtes und prägt sich durch wiederholte Beobachtungen eine genaue Kenntnis der Spektra ein. Man kann dann auch ohne Messungen auskommen.

Die Zahl der in der Bunsen- oder Lötrohrflamme flüchtigen Metalloxyde und -chloride ist eine beschränkte; da die Chloride sich am leichtesten verflüchtigen, so befeuchtet man die zu untersuchende Substanz mit Salzsäure und bringt sie dann im Platinöhr in die nicht leuchtende Flamme. In der folgenden Übersicht

---

[1]) Durchschnitt mehrerer Linien.

bezeichnen die in fetteren Zahlen gedruckten Wellenlängen die hellsten und am frühesten auftretenden Linien. Die beigefügten griechischen Buchstaben α, β, γ, δ, ε zeigen an, in welchem Grade die betreffende Linie charakteristisch ist.

Für die Benennung der Linien und Farben benutzt man die Listingsche Einteilung:

7230 bis 6470 Rot,		4920 bis 4550 Blau,
6470 „ 5850 Orange,		4550 „ 4240 Indigo,
5850 „ 5750 Gelb,		4240 „ 3970 Violett.
5750 „ 4920 Grün,		

Übersicht der Flammenspektra.

58. Natrium.

Im Gelb . 5896 ⎱ bei schwacher Dispersion zu-
       5890 ⎰   sammenfallend,

59. Kalium.

Im Rot. . 7699 ⎱ bei schwacher Dispersion zu-
      7665 α ⎰   sammenfallend,

Im Gelb . 5832 ⎱
      5802 ⎰ nur bei höherer Temperatur
      5783   sichtbar,

Im Violett 4044 β.

Außerdem ein schwaches kontinuierliches Spektrum von Gelb bis Indigo.

60. Caesium.

Im Rot . 6974 ⎱ nur bei höherer Temperatur
     6724 ⎰   sichtbar,

Im Orange 6213 γ
       6011 δ

Im Gelb . 5845

Im Grün 5664
      5635

Im Blau . 4593 β
      4555 α

Schwaches kontinuierliches Spektrum von Gelb bis Blau.

61. Rubidium.

Im Rot . 7950 δ
      7811 γ

Im Orange 6299
      6207

Im Grün 5724
5648
Im Violett 4215 β
4202 α

Schwaches kontinuierliches Spektrum von Gelb bis Blau.

62. Lithium.

Im Rot . **6708** α
Im Gelb . 6104;   nur bei höherer Temperatur
sichtbar.

63. Baryum.

Die Baryumverbindungen werden nur bei großer, anhaltender Hitze dissoziiert.

Die Haloidverbindungen bringen schnell vorübergehende eigene Verbindungsspektren hervor, die man mit Sicherheit hervorruft, wenn man unterhalb der Probe Chlor-, Brom- oder Jodammonium am Platindraht verdampft. Das Spektrum des Chlorids ist zum Nachweis am geeignetsten.

a) Oxyd:

Im Orange 6450 } schwache, nach Rot abnehmende
6298 }   Bande,

6240
6179 } vierfache, nach Rot abnehmende
6109 }   Bande,
6032 ε

Im Gelb . 5935
5868
5825 } schwache Bande,
5769

Im Grün . 5720
5648 } schwache Bande,

5536 γ helle grüne Linie des Metalles,
fällt mit der β-Ca-Linie fast
zusammen und ist daher nicht
entscheidend,

5493
5347 δ } grüne, nach dem Violett heller
5216 α }   werdende Banden,
5090 β

Im Blau . 4874.

b) Baryumchlorid:

Im Grün. 5314 γ
5243 α
5206
5172 $\Big\}$ schwache Doppellinie,
5137 β

c) Baryumbromid:

Im Grün. 5411 γ
5359 α
5305
5250 $\Big\}$ schwache Linien,
5207 β
5150 schwache Bande.

d) Baryumjodid:

Im Grün. 5608 α
5377 β.

64. Strontium. Die Haloidverbindungen zeigen vorübergehend ihr Verbindungsspektrum, dann das Bandenspektrum des Oxyds samt der Metallinie 4607. Das Strontiumspektrum zeichnet sich durch die Abwesenheit grüner Linien aus.

a) Oxyd:

Im Rot . 6863
6747 γ $\Big|$ Banden scharf nach Rot, ab-
6628 β $\Big|$ schattiert nach Violett,
6499
Im Orange 6465 Mitte einer Bande,
6060 α
Im Blau . 4607 δ.

b) Chlorid:

Im Rot . 6730
6599
Im Orange 6351.

65. Calcium. Neben den Verbindungsspektren der Haloidsalze zeigen sich immer außer der blauen Metallinie 4227 die Oxydbanden, auch wenn man Chlor-, Brom- oder Jodammonium unterhalb der Probe verdampft.

Einige Phosphate und Silikate zeigen die Spektralreaktion erst nach Befeuchten mit Salzsäure oder Aufschließen mit Soda.

Die gelbgrüne Bande 5544 fällt mit der Baryumlinie 5536 fast zusammen.

a) Oxyd:

Im Orange 6221
5996
Im Grün. 5544 } breite Bande, in der die Linie
5518 } 5544 hervortritt,
Im Indigo 4227

b) Chlorid:

Im Orange 6466
6203 } hauptsächliche Bande,
6182 }
6069 } Doppellinie
6045 }
5934
Im Gelb . 5817
Im Grün. 5544 } breite Bande, in der die Linie
5518 } 5544 hervortritt,
Im Indigo 4227.

66. Thallium. Die grüne Thalliumlinie erscheint sehr schnell, hält abernicht lange an; sie hat eine ähnliche Lage wie die grüne Baryumbande 5347, die aber eine weit geringere Intensität besitzt.

Im Grün. **5351.**

67. Indium. Die Indiumlinien treten schnell auf und verschwinden bald wieder.

Im Indigo **4511** α
Im Violett 4102.

Um die Alkalien und Erdalkalien in Gemischen nachzuweisen, verwertet man, wie bei den Flammenfärbungen, ihre ungleiche Flüchtigkeit. Man erhitzt die Probe zuerst im kältesten Teile der Flammenbasis, dann im oberen Oxydationsraum, und zwar zunächst für sich, darauf nach Befeuchten mit Salzsäure. Man erblickt im Spektrum zuerst die Natriumlinie, die sich von einem schwachen, kontinuierlichen Spektrum deutlich abhebt; dann erscheint die scharfe, helleuchtend rote Lithiumlinie und nicht viel später die mattere Kaliumlinie am roten Ende des

Spektrums. Auf die seltenen Alkalimetalle Caesium (blaue Doppellinie) und Rubidium (violette Doppellinie), die sehr flüchtig sind, ist zu Anfang der Prüfung zu achten. Von den Erdalkalien machen sich zuerst die grünen Banden des Baryums bemerkbar, bald gefolgt von den zum Teil sich überlagernden Calcium- und Strontiumbändern, aus denen die charakteristischen Linien nach und nach hervortreten. Sind die Erdalkalien in sehr ungleichen Mengen vorhanden und gar durch Salzsäure nicht angreifbar, so schließt man die Probe mit Soda in der Platinspirale auf, löst die Masse in Salpetersäure und zieht aus dem abgedampften Rückstand das Calciumnitrat mit absolutem Alkohol aus. Die ungelöst bleibenden Baryum- und Strontiumverbindungen lassen sich, wenn sie nicht in zu ungleicher Menge vorkommen, nebeneinander erkennen. Will man aber die letzten nachweisbaren Mengen davon auffinden, so verwandelt man den Rückstand durch Glühen mit Salmiak in Chlorverbindungen, aus denen sich Chlorstrontium unter Zurücklassung von Baryumchlorid durch Alkohol ausziehen läßt.

Prüfung mit Soda.

68. Außer der in § 23 beschriebenen Anwendung der Soda zur Beförderung der Reduktion von Metalloxyden dient sie noch zur Aufschließung der Silikate, Wolframate, Molybdate usw., sowie zur Nachweisung einiger Metalloxyde. Man mengt die Substanz mit feuchter Soda an, bringt das Gemisch in das Öhr des Platindrahtes und erhitzt es in der Oxydationsflamme. Folgende Säuren bilden unter Aufbrausen schmelzbare Verbindungen:

Kieselsäure schmilzt zu einem klaren, farblosen Glase, das sich beim Erkalten nicht verändert. Auch Silikate geben eine klare Perle, wenn der Gehalt an nicht alkalischen Basen kein allzu großer ist und Soda nicht in zu großer Quantität zugesetzt wird [Nr. 51]. Borate und Phosphate liefern ebenfalls farblose Gläser, können aber nicht zur Verwechslung mit Silikaten Anlaß geben.

Wolframsäure löst sich zu einem klaren dunkelgelben Glase auf, das bei der Abkühlung kristallinisch und undurchsichtig hellgelb oder weiß wird [Nr. 20].

Molybdänsäure schmilzt zu einem klaren Glase, das beim Erkalten milchweiß wird [Nr. 16].

Titansäure gibt ein durchsichtiges, farbloses Glas, das beim Erkalten undurchsichtig wird [Nr. 61].

Vanadinsäure gibt eine klare, gelbe Schmelze, die im kalten Zustande undurchsichtig und gelblichweiß ist.

69. Man bedient sich ferner der Soda zur Auffindung einiger Metalloxyde, die sich mit sehr charakteristischen Farben darin lösen. Als Unterlage benutzt man Platinblech oder die Platinspirale.

Manganoxyde geben ein in der Hitze durchsichtiges grünes Glas, das unter der Abkühlung blaugrün und trübe wird. Unter Mitwirkung von Sauerstoff bildet sich Natriummanganat $MnO + Na_2CO_3 + O_2 = Na_2MnO_4 + CO_2$. Diese sehr empfindliche Reaktion gelingt noch besser, wenn man der Soda etwas Salpeter zusetzt. Die Schmelze löst sich in Wasser mit grüner Farbe. Die Lösung verwandelt sich durch bloßes Stehen an der Luft in rotviolettes Permanganat. Schneller geht dies durch Zusatz einer starken Säure z. B. Essigsäure von statten; die sich abscheidenden braunen Flocken rühren von Mangansuperoxydhydrat her.

Chromoxyd löst sich zu einem in der Hitze dunkelgelben Glase, das beim Erkalten gelb und undurchsichtig wird. Auch in diesem Falle tut man gut, ein Gemisch von Soda und Salpeter anzuwenden. Die Schmelze gibt mit Wasser eine hellgelbe Lösung von Natriumchromat, die nach Ansäuern durch Essigsäure mit Silbernitrat rotbraunes Silberchromat liefert, eine äußerst empfindliche Reaktion.

Außer diesen beiden charakteristischen Reaktionen kommen noch die minder bemerkenswerten von Kupfer-, Kobalt-, Blei- und Wismutoxyd in Betracht, deren Verhalten aus der Tabelle am Schlusse des Buches ersichtlich ist.

70. Von den in den §§ 68 und 69 beschriebenen Reaktionen lassen sich nur wenige auch auf Kohle hervorbringen. Nur Kieselsäure und Titansäure schmelzen zu Perlen, und erstere allein gibt ein Glas, das auch beim Erkalten klar bleibt. — Die übrigen Substanzen werden entweder, indem sie sich mit der Soda in die Kohle ziehen, reduziert, oder sie werden gar nicht angegriffen und bleiben unverändert auf der Kohle zurück, während die Soda in die Kohle geht. Dahingegen hat man in dem Zusammenschmelzen mit Soda auf Kohle ein sicheres Erkennungsmittel für

Schwefel, **Selen** und **Tellurverbindungen**, welche eine Schmelze geben, die auf befeuchtetem Silberblech schwarze oder braune Flecke erzeugt [Nr. 71].

Prüfung mit Kobaltlösung.

71. Substanzen, die nach der Behandlung mit der Oxydationsflamme auf Kohle weiß oder fast weiß erscheinen (vgl. § 21), werden mit einer Lösung Kobaltnitrat befeuchtet und dann von neuem geglüht. Ist die Probe porös genug, um die Flüssigkeit zu absorbieren, so befeuchtet man sie mit einem Tropfen der Lösung und hält sie mit der Platinpinzette in die Flamme, andernfalls pulverisiert man sie, bringt das Pulver in ein Kohlengrübchen, setzt einen Tropfen vom Reagens hinzu und erhitzt. Die Farbe läßt sich erst nach dem Erkalten und nur bei Tageslicht mit Sicherheit bestimmen.

Von den Erden geben Tonerde und Magnesia besonders charakteristische Reaktionen; eine blaue Farbe von größerer oder geringerer Reinheit, aber ohne Glanz, deutet auf Tonerde [Nr. 21], eine fleischrote auf Magnesia [Nr. 55]. Diese Reaktionen werden jedoch verhindert, wenn in der erdigen Substanz gefärbte Metalloxyde enthalten sind, die in der Regel eine graue oder schwarze Masse liefern; auch das Kobaltnitrat selbst wird, wenn keine Reaktion erfolgt, in schwarzes Oxyd verwandelt. Es darf ferner nicht übersehen werden, daß auch bei kieselsauren, borsauren und phosphorsauren Verbindungen beim Glühen mit Kobaltlösung eine blaue Farbe entsteht; bei den Salzen der Alkalien ist die Masse schmelzbar, bei denen der Erden indessen nicht.

Von den Schwermetallen nehmen besonders die Zink- und Zinnverbindungen eine charakteristische Färbung an. Man erhitzt die Probe zunächst auf Kohle mit der Reduktionsflamme, versetzt den sich bildenden Beschlag mit der Lösung und glüht dann vorsichtig mit der Oxydationsflamme. Man bekommt bei Zinkoxyd eine schöne gelbgrüne, bei Zinnoxyd eine blaugrüne Masse [Nr. 10 und 9].

Außer den oben erwähnten Körpern gibt es noch einige andere, die beim Glühen mit Kobaltlösung eine Farbenänderung erleiden, ohne daß man indessen dieses Reagens zu ihrer Erkennung anzuwenden pflegt; ihre Reaktionen sind in der folgenden Zusammenstellung mit enthalten.

Es färben sich:

blau: Tonerde; schön blau, im stärksten Feuer unschmelzbar.

Kieselerde und Silikate; schwach bläulich, bei großem Zusatz von Kobaltlösung schwarz. In starkem Feuer schmelzen dünne Flitter zu rötlichblauem Glase.

Phosphorsaure, borsaure und kieselsaure Alkalien geben ein blaues Glas.

grün: Zinkoxyd; } gelblichgrün.
Titansäure; }

Zinnoxyd; blaugrün.

Antimonoxyd; schmutzig grün.

fleischrot: Magnesia; schwach fleischrot.

Tantalsäure; heiß hellgrau; kalt fleischrot.

violett: Zirkonerde; schmutzig violett.

Magnesiumphosphat und -arsenat schmelzen und färben sich violettrot.

braun: Baryt; heiß braunrot; kalt farblos.

grau: Beryllerde; hellblaugrau.

Niobsäure; bräunlichgrau.

Kalk; grau.

Strontian; dunkelgrau bis schwarz.

Prüfung mit Natriumthiosulfat.

72. Bei allen Metallen, die auf nassem Wege durch Schwefelwasserstoff gefällt werden, kann man die Sulfidreaktionen auf trockenem Wege erhalten, wenn man die Substanz mit entwässertem und gepulvertem Natriumthiosulfat[1]) erhitzt. Dies kann in der Weise geschehen, daß man das Reagens einer Boraxperle, welche die Substanz gelöst enthält, zusetzt und diese dann mit der Reduktionsflamme erhitzt. Dieses Verfahren hat indessen den Übelstand, daß leicht flüchtige Substanzen, wie Arsen- und Quecksilberverbindungen, keine Reaktionen geben, und daß die Färbung, welche der Perle durch die Heparbildung mitgeteilt wird, leicht zu Irrtümern Veranlassung gibt. Diese Schwierigkeiten werden umgangen, wenn man die zu untersuchende gepulverte Substanz mit dem Reagens in einem Glührohr untersucht.

---

[1]) Landauer, Ber. chem. Ges., **5,** 406 (1872).

Nach Zersetzung des Natriumthiosulfats, die an dem auftretenden Schwefelwasserstoffgeruch leicht zu erkennen ist, nehmen die Schmelzen die Sulfidfärbungen in deutlichster Weise an.

Ein anderes Verfahren, diese Reaktionen hervorzurufen, besteht darin, daß man das mit einer Spur Wasser zu einem Teig angemengte Gemisch von gleichen Teilen Substanz und Reagens auf einer Gipsplatte oder ersatzweise für diese auf Aluminiumblech mit einer schwach geblasenen, aber gut wirkenden Reduktionsflamme erhitzt. Man erhält dann die Sulfidreaktionen ebenso wie im Glührohre, begleitet von Nebenerscheinungen (Flammenfärbung, Beschlagbildung), die zur Bestätigung des

Metall-verbindungen	Verhalten zu $Na_2S_2O_3$	Verhalten zu Borax auf Platindraht (in der kalten Perle)		Jodidbeschlag
		Im Oxydationsfeuer	Im Reduktionsfeuer	
Antimon .	rot, stärker erhitzt schwarz	farblos	grau bis farblos	orangerot
Arsen. . .	gelb [1]	—	—	eigelb
Blei. . . .	schwarz	farblos	grau bis farblos	gelb
Cadmium .	heiß zinnober-rot, kalt gelb	„	„	weiß
Chrom . .	grün	grasgrün	smaragdgrün	—
Eisen. . .	schwarz	gelb	flaschengrün	braun
Gold . . .	„	wird, ohne sich aufzulösen, reduziert		—
Kobalt . .	„	blau	blau	bräunlichgrau
Kupfer . .	„	blaugrün	rot	weiß
Mangan. .	hellgrün	rotviolett	farblos bis rosa	—
Molybdän .	braun	farblos	braun	tiefblau
Nickel . .	schwarz	rotbraun	grau bis farblos	grünlich
Platin. . .	„	wird, ohne sich aufzulösen, reduziert		—
Quecksilber	„ [1]	—	—	gelb u. rot
Silber. . .	„	farblos	grau bis farblos	gelb
Thallium .	„	„	farblos	eigelb
Uran . . .	„	gelb	flaschengrün	—
Wismut. .	„	farblos	grau bis farblos	braun und rot
Zink . . .	weiß	„	„	weiß
Zinn . . .	braun	„	farblos	bräunlichgelb

[1] Diese Sulfide sind flüchtig und färben die Boraxperle nur vorübergehend.

Befundes berücksichtigt werden können. Erhitzt man die gewonnenen Sulfide mit etwas festem Jod in der Oxydationsflamme, so bilden sich die in § 77 beschriebenen Jodidbeschläge.

Die Sulfidreaktionen ergeben sich aus der Tabelle S. 61, wo ihnen das entsprechende Verhalten der Metallverbindung zu Borax auf Platindraht und Jod gegenübergestellt ist; die Methoden ergänzen sich in hohem Grade.

Prüfung mit Zink und Salzsäure nach vorheriger Aufschließung.

73. Man mengt die feingeriebene Probe mit einem Gemisch von Soda und Salpeter, feuchtet die Masse ein wenig an und trägt sie auf eine 2—3 mm breite Platinspirale. Nach kurzem Schmelzen klopft man den glühenden Inhalt der Spirale auf eine Porzellanschale ab und erwärmt ihn mit etwas Wasser in einer Proberöhre. Darauf setzt man Salzsäure oder Schwefelsäure hinzu und stellt einen Zinkstab in die Flüssigkeit. Die Aufschließung erfolgt auch durch Phosphorsalz, so daß man sich der in § 40 beschriebenen Phosphorsalzperlen bedienen kann. Durch die desoxydierende Wirkung des naszierenden Wasserstoffs färben sich:

Molybdänsäure blau, dann grün, endlich schwarzbraun.
Wolframsäure blau.
Vanadinsäure blau, dann grün, endlich violett.
Niobsäure blau, oft auch braun (aus stark sauren Lösungen).
Chromsäure grün.
Titansäure violett.

Prüfung mit saurem Kaliumsulfat oder konzentrierter Schwefelsäure.

74. Zur Erkennung flüchtiger Säuren erwärmt man eine kleine Menge der Substanz im Glaskölbchen mit saurem Kaliumsulfat oder mit konzentrierter Schwefelsäure (in letzterem Falle aber nicht bis zum Sieden der Säure) und achtet auf folgende Erscheinungen:

1. Entwicklung eines gefärbten Gases.

a) **Stickstoffdioxyd,** von salpetersauren und salpetrigsauren Salzen herrührend, wird an den roten Dämpfen und am Geruch erkannt. Bei salpetersauren Verbindungen wird die Reaktion durch Zusatz von Kupferfeile befördert.

b) **Chlordioxyd**, gelbgrünes, dem Chlor ähnlich riechendes Gas, das Lackmus bleicht. Das Chlordioxyd bildet sich bei dieser Behandlung aus chlorsauren Salzen [1]).

c) **Jod** aus Jodmetallen ist kenntlich am violetten Dampf, der ein mit Stärkekleister bestrichenes Papier bläut. Jodsaure Salze [1]) geben diese Reaktion erst auf Zusatz von Eisenvitriol.

d) **Brom**, rotbrauner Dampf von unangenehmem Geruch, Stärkemehl gelb färbend, rührt von Brommetallen her. Die Farbe der Dämpfe ist am besten zu erkennen, wenn man von oben in die Röhre sieht.

2. Entwicklung eines farblosen, riechenden Gases.

75. a) **Schwefeldioxyd**, aus Sulfiden und mit Schwefelabscheidung aus Thiosulfaten entstehend, ist am Geruch zu erkennen. Schwefeldioxyd kann aus der Schwefelsäure selbst entstehen, wenn reduzierende Stoffe anwesend sind.

b) **Salzsäure**, am Geruch und an den Nebeln kenntlich, die sie beim Annähern eines mit Ammoniak benetzten Glasstabes bildet.

c) **Fluorwasserstoffsäure**, aus Fluormetallen, ist ein stark rauchendes, ätzendes Gas, das Glas angreift. Die Glasätzung ist nach dem Auswaschen und Trocknen des Kölbchens am deutlichsten wahrzunehmen.

d) **Schwefelwasserstoff**, aus Schwefelmetallen, schwärzt ein mit Bleizuckerlösung getränktes Papierstreifchen.

e) **Cyansäure**, aus cyansauren Verbindungen, ist ein stechend riechendes Gas, das die Augen zu Tränen reizt und Kalkwasser trübt.

f) **Essigsäure**, aus ihren Salzen, ist an ihrem stechenden Geruch und auch daran erkennbar, daß sie mit Schwefelsäure und Alkohol den angenehm riechenden Essigäther bildet.

3. Entwicklung eines farb- und geruchlosen Gases.

76. a) **Kohlensäure** wird unter Aufbrausen aus ihren Salzen ausgetrieben; sie trübt Kalkwasser.

b) **Kohlenoxydgas**, brennbar, kann herrühren von oxalsauren, ameisensauren, cyan-, ferrocyan- und ferridcyanwasserstoffsauren Salzen.

---

[1]) Die chlorsauren, jodsauren und bromsauren Salze verpuffen beim Erhitzen auf Kohle.

c) **Chromsäure** entwickelt Sauerstoff, wobei die Flüssigkeit sich braun oder grün färbt.

d) **Organische Säuren**, an der Abscheidung der Kohle kenntlich.

Die Säuren, welche auf obige Weise nicht erkannt werden, im übrigen aber leicht nachgewiesen werden können, sind: Schwefelsäure, Phosphorsäure, Arsensäure, Borsäure, Kieselsäure, Wolframsäure, Molybdänsäure und Titansäure. In bezug auf die drei letztgenannten vgl. § 73.

Prüfung der Jodidbeschläge auf der Gipsplatte [1]).

77. Man legt die pulverisierte Substanz auf das der einwirkenden Lötrohrflamme zugekehrte Ende einer Gipsplatte, mischt sie mit der gleichen Menge Jodschwefel oder befeuchtet sie mit einigen Tropfen einer Lösung von Jod in konzentrierter Rhodankaliumlösung und setzt sie der Oxydationsflamme aus. Man kann auch bei flüchtigen Elementen erst die Platte betropfen und dann den Beschlag über den feuchten Fleck streichen lassen.

Es entstehen Beschläge, die man weiter untersuchen kann. Eine bernsteinfarbige Lösung von Schwefelkalium in Wasser verwandelt sie in Sulfide, ein Gemisch von Bromkalium und Metaphosphorsäure in Bromide, und eine durch wenig Ammoniak oder Kalilauge haltbar gemachte Cyankaliumlösung oder eine Lösung von Rhodankalium dient zur Prüfung der Löslichkeit der Beschläge.

---

[1]) Die Jodidbeschläge sind zuerst von Bunsen 1866 in seiner Abhandlung über Flammenreaktionen (vergl. § 83) für die Flamme der nicht leuchtenden Lampe beschrieben. Im folgenden Jahre behandelte Merz (J. f. pr. Chem. **101**, 269) die Lötrohrbeschläge mit Jod. Dann veröffentlichte v. Kobell 1872 Jodreaktionen unter Anwendung von Jodkalium und Schwefel auf Kohle. Haanel verallgemeinerte 1882 diese Reaktionen, indem er Jodwasserstoffsäure anwandte und Gipsplatten als Unterlage einführte. Das gleiche Reagens empfahl Moser, während Wheeler und Luedeking es 1885 durch die leichter erhältliche Jodtinktur ersetzten. Um das flüssige Reagens mit einem festen zu vertauschen, verwandte Hutchings Kupferjodid mit Schwefel auf der Aluminumplatte, Casamajor mit gutem Erfolge Silberjodid im offenen Glasrohr und Wheeler und Luedeking (Transact. of the St. Louis Academy of Science, **4**, 676 [1886]) Jodschwefel auf der Gipsplatte. Von W. W. Andrews (J. Amer. Chem. Soc., **18**, 849 [1898], Chem. News. **47**, 15) wurde eine Auflösung von Jod in konzentrierter Rhodankaliumlösung empfohlen.

Die Jodidbeschläge, von denen die Wismutreaktion besonders charakteristisch ist, eignen sich vorwiegend zu Bestätigungsversuchen, weniger zur Untersuchung von Gemengen.

Übersicht der Jodidbeschläge.

Antimon, schön orangerot, näher zur Probe gelb; der Beschlag verschwindet durch Anhauchen und erscheint von neuem beim Erwärmen. Auch Rhodankaliumlösung beseitigt den Beschlag, aber beim Erhitzen kommt ein beständiger brauner zum Vorschein.

Arsen, hellgelb, vorübergehend verhauchbar.

Blei, chromgelb, mit hellerem Rand, nicht verhauchbar.

Cadmium, auf berußter Platte weiß, mit gut erkennbaren Rändern. Wird eine Cadmiumlösung mit Rhodankaliumlösung versetzt, das Gemisch auf die Gipsplatte getropft und erhitzt, so entsteht Cadmiumsulfid, das heiß scharlachrot, kalt gelb ist.

Eisen, brauner Beschlag.

Gold, schön rosa Beschlag.

Kobalt, bräunlichgrauer Beschlag; um die mit Jodlösung betropfte und erhitzte Substanz bildet sich grünes Kobaltjodid.

Kupfer, auf berußter Platte weißer Beschlag, bei grüner Flammenfärbung. Schwefelkaliumlösung färbt ihn schwarzgrau; bläst man erhitzte Dämpfe Bromwasserstoffsäure über einen Fleck von Kupferlösung auf der Gipsplatte, so bildet sich purpurbraunes Kupferbromid.

Molybdän, tief ultramarinblau dicht an der Probe (Molybdänmolybdat M_2O_5).

Nickel, schwach grünlichgrauer Beschlag.

Osmium, der Beschlag weist ein Gemisch von olivengrün und grau auf, mit unterem roten Rand.

Platin, grauer Beschlag.

Quecksilber, gelb, rot und bei Anwendung von Jodlösung auch grün, nicht zu verhauchen. Die Ursache dieser Farbenvereinigung beruht auf einer Mischung des grünen Quecksilberjodürs mit der roten und gelben Form des Jodids.

Selen, rotbraun, mit fast roter Einfassung, nicht ganz verhauchbar.

Silber, heiß hellgelb, kalt schwach grünlichgelb bis bräunlich, dicht bei der Probe.

Tellur, bräunlich- bis violettschwarz, vorübergehend verhauchbar.

Thallium, eigelber Beschlag, mit bläulichschwarzem Anflug weiter ab, nicht zu verhauchen.

Wismut, schokoladenbraun mit morgenrotem Anflug, vorübergehend verhauchbar, sehr charakteristische Reaktion; Ammoniakdämpfe verwandeln den braunen Beschlag in einen leuchtend roten; durch Schwefelkaliumlösung geht der Beschlag in schwarz über. Auf Kohle ist der Jodidbeschlag feuerrot.

Wolfram, schwach grünlichblau (W_2O_5), unmittelbar bei der Probe.

Zink, auf berußter Unterlage weiß.

Zinn, heiß rötlichbraun, schnell verblassend; Schwefelkaliumlösung färbt den Beschlag schwarz mit braunem Rand. Antimontrichlorid oder -pentachlorid gibt mit allen Zinnsalzen einen violettschwarzen Beschlag, der Säuren gegenüber beständig ist. Rhodankaliumlösung zersetzt ihn beim Erhitzen und färbt ihn blaß gelblichgrün (Andrews).

Anhang zum zweiten Kapitel.

Bunsens Flammenreaktionen.

---

78. Nach Bunsen [1]) lassen sich fast alle Reaktionen, die man mit dem Lötrohr erhält, unmittelbar in der nicht leuchtenden Flamme des von ihm konstruierten Gasbrenners hervorbringen. Die zu diesen Versuchen dienende Lampe (Fig. 21) ist mit einer drehbaren Hülse zum Verschließen und Öffnen der Zuglöcher und mit einem Schornstein von solchen Dimensionen versehen, daß die Flamme vollkommen ruhig brennt. Diese Flamme enthält den dunklen Kegel $a\,b\,a$, den Flammenmantel $a\,d\,a\,c$ und die leuchtende Spitze $b\,c$; diese ist nicht sichtbar, wenn die Zuglöcher ganz offen sind, tritt aber hervor, wenn sie bis zu einem gewissen Grade geschlossen werden. Es lassen sich in der Flamme sechs Reaktionsräume unterscheiden:

1. Die Flammenbasis bei *1*, welche die niedrigste Temperatur besitzt und sich besonders dazu eignet, aus einem Gemenge

---

[1]) Ann. d. Chem. u. Pharm. **138**, 257 (1866).

flammenfärbender Substanzen die leichter flüchtigen für sich allein zu verdampfen.

2. Der Schmelzraum bei *2*; er bietet die höchste Temperatur, und man benutzt ihn deswegen zu Prüfungen auf Schmelzbarkeit, Flüchtigkeit usw.

3. Der untere Oxydationsraum bei *3*, der sich besonders zur Oxydation der in Glasflüssen aufgelösten Oxyde eignet.

4. Der obere Oxydationsraum bei *4*. Er wirkt bei völlig geöffneten Zuglöchern äußerst kräftig. Man nimmt darin alle Röstungen und Oxydationen vor, zu denen nicht eine allzu hohe Temperatur erforderlich ist.

5. Der untere Reduktionsraum bei *5*, welcher zwar nicht mit voller Kraft reduzierend wirkt, aber grade deswegen eigentümliche Reaktionen gibt; er ist besonders zu Reduktionen auf Kohle und in Glasflüssen geeignet.

6. Der obere Reduktionsraum bei *6*, der über dem dunklen Flammenkegel entsteht, wenn man den Luftzutritt durch allmähliches Schließen der Zuglöcher verringert. Hat man die leuchtende Spitze zu groß gemacht, so setzt sie Ruß ab, was niemals der Fall sein darf. Diesen Teil benutzt man besonders zur Reduktion von Metallen, die man in Gestalt von Beschlägen auffangen will.

79. Um die Proben in die Flamme zu bringen, bedient man sich folgender Gerätschaften:

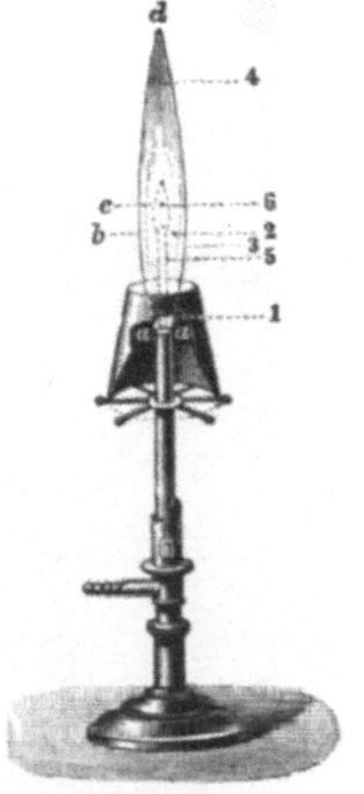

Fig. 21.

Platindraht; er soll soll die Dicke von 0,1 mm nicht viel überschreiten und bei Dezimeterlänge nicht erheblich mehr als 16 mg wiegen; er dient zu Versuchen in bezug auf Schmelzbarkeit, Flüchtigkeit und Flammenfärbung, sowie zu den Reaktionen mit Borax, Phosphorsalz und Soda. Dickere Drähte würden viele Flammenreaktionen vereiteln.

Asbeststäbchen, von der Vierteldicke eines gewöhnlichen Zündhölzchens; sie dienen als Unterlage für Platin angreifende Körper und werden zur Aufnahme der Substanz angefeuchtet.

Kohlenstäbchen; zum Ersatz der gewöhnlichen Kohle wird das untere Ende eines ein von seinem Kopfe befreiten Zündhölzchens bis zu drei Viertel seiner Länge mit einem in der Nähe der Flamme zum Schmelzen gebrachten Sodakristall bestrichen und dann in der Lampenflamme langsam um die Achse gedreht. Man erhält dadurch ein Kohlenstäbchen, das durch seine Sodaglasur vor dem leichteren Verbrennen geschützt ist.

Glasröhren, von dünnem Glase, etwa 3 mm weit und 30 mm lang und an einem Ende zugeschmolzen.

Hat man Körper längere Zeit in einem Reaktionsraum zu erhitzen, so empfiehlt sich die Benutzung eines Bunsenschen Stativs (Fig. 22) das mit Haltern und Klammern zur Aufnahme von Glasröhren mit angeschmolzenen Platindrähten oder hineingeschobenen Asbestfäden, sowie von Probiergläschen versehen ist; diese Vorrichtungen lassen sich auf und ab schieben und im Kreise drehen.

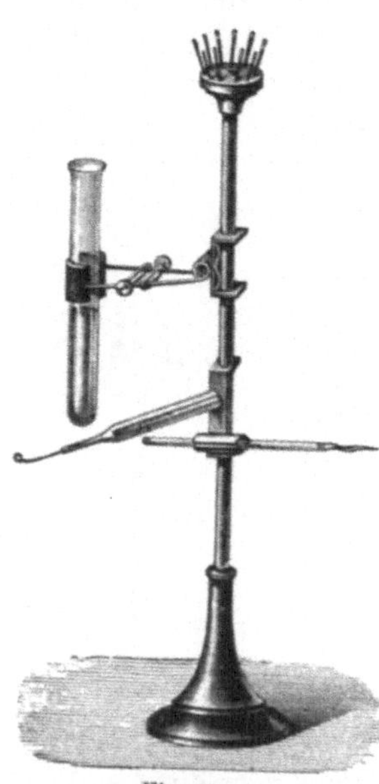

Fig. 22.

80. Außer den in § 5 genannten Reagentien: Soda, Borax, Phosphorsalz, saures Kaliumsulfat und Magnesiumdraht, kommen noch folgende bei den Bunsenschen Flammenreaktionen zur Anwendung:

Zinnchlorürlösung, die in einer Flasche mit gut schließendem Stöpsel aufzubewahren ist; um die Umwandlung des Chlorürs in das Chlorid zu verhüten, wodurch das Reagens unbrauchbar werden würde, wirft man einige Stücke Zinn in die Flasche. Zinnchlorür wirkt stark reduzierend und dient zur Unterscheidung von Beschlägen sowie zur Nachweisung von Gold, Molybdän, Wolfram usw.

Natronlauge, wird ebenfalls zur Charakterisierung von Beschlägen verwendet, sowie ferner zur Erkennung von Kobalt, Nickel, Zinn usw.

Silbernitrat, in ganz neutraler Lösung zur Unterscheidung von Beschlägen und zur Auffindung von Chrom und Vanadin.

Rauchende Jodwasserstoffsäure, die neben phosphoriger Säure entsteht, wenn feuchte Luft auf Phosphortrijodid einwirkt. Um dieses zu bereiten, erhitzt man 1 Teil amorphen Phosphor mit 12 Teilen Jod in einem kleinen Kölbchen und fügt dann 3 ccm Wasser hinzu. Man bringt den Jodphosphor in ein weithalsiges, flaches, mit einem Glasstöpsel gut verschließbares

Glas, worauf beim Gebrauch das Porzellanschälchen mit dem daran haftenden Beschlage gestellt wird, um ihn in einen Jodidbeschlag zu verwandeln. Hat das Reagens zu rauchen aufgehört, so kann man es durch Zusatz von wasserfreier Phosphorsäure wieder wirksam machen.

Der Jodidbeschlag kann auch hervorgebracht werden, wenn man unterhalb des Beschlages ein brennendes, mit einer konzentrierten Lösung von Jod oder Jodmethyl in Alkohol getränktes Astbestbündel hin und her bewegt. Wird dabei an der Schale etwas wässerige, von Jod gebräunte Jodwasserstoffsäure mit verdichtet, so kann sie leicht durch vorsichtiges Erwärmen entfernt werden.

Ammoniak und **Schwefelammonium,** finden bei manchen Proben, namentlich bei der Unterscheidung von Beschlägen Anwendung.

Brom, in einer weithalsigen, gut verschließbaren Flasche aufbewahrt, wird gebraucht, indem man die Substanz dem Dampf aussetzt. Bromdampf wirkt bei Anwesenheit von Wasser oxydierend.

Ferrocyankalium, in Lösung, dient zur Erkennung von Eisen, Kupfer und Molybdän.

Bleiacetat, zur Nachweisung von Chrom.

Wismutnitrat, als Reagens auf Zinn.

Essigsäure, wird benutzt bei den Untersuchungen auf Chrom, Vanadin, Mangan und Uran.

Quecksilbercyanidlösung findet zur Nachweisung von Palladium eine seltene Verwendung.

Salzsäure, Salpetersäure und eine Mischung von beiden (Königswasser) werden vielfach angewandt.

Zur Prüfung verwendet man nur sehr kleine Mengen von der Substanz. Zerknisternde Stoffe werden zum feinsten Pulver zerrieben und auf ein befeuchtetes Filtrierpapierstreifchen von etwa 1 qcm Größe angesogen. Verbrennt man dieses Streifchen vorsichtig zwischen zwei Ringen haarfeinen Platindrahtes, so bleibt die Probe als zusammenhängende Kruste zurück, die sich ohne Schwierigkeit in der Flamme behandeln läßt.

Methoden der Prüfung.

A. Verhalten beim Erhitzen.

81. Beim Erhitzen der Proben kommen folgende Erscheinungen in Betracht:

1. Ob die Substanz leuchtet, wenn sie in die heißeste Stelle des Schmelzraumes gebracht wird;

2. ob sie schmilzt, und zwar ob bei höherer oder niederer Temperatur. Hierbei ist zu beachten, ob die Probe an Volumen schwindet, sich aufbläht, Blasen wirft, ob sie ihre Farbe ändert oder nach dem Erkalten durchsichtig ist;

3. ob sie sich verflüchtigt, dabei Geruch entwickelt, und

4. ob sie die Flamme färbt. Flammenfärbende Stoffe, die in den oberen Reduktionsraum gebracht werden, lassen die Färbungen in dem oberen Oxydationsraum hervortreten. Gemenge flammenfärbender Körper werden zuerst in dem kältesten Teil der Flammenbasis geprüft, wo die leicht flüchtigen Bestandteile vor den übrigen zum Vorschein kommen.

B. Oxydation und Reduktion.

82. 1. Glasflüsse. Die Oxydation und Reduktion in Glasflüssen geschieht dadurch, daß man die an Platindraht befestigten Perlen zur Oxydation in den unteren Oxydationsraum, zur Reduktion in den unteren Reduktionsraum bringt.

2. Reduktion im Glasröhrchen. Man erhitzt die völlig trockene Probe mit Soda und Kohle (Terpentinölruß) oder mit Natrium oder Magnesium in einem einseitig geschlossenen, 3 mm weiten und 3 cm langen, dünnwandigen Glührohr. Das Natrium wird mit Fließpapier vom Steinöl befreit und zu einem kleinen Zylinder ausgerollt, den man im Rohre mit der Probe umgibt. Magnesium wird in Gestalt kleiner Stücke Drahtes verwandt. Das Rohr wird bis zum Schmelzen des Glases erhitzt, wobei gewöhnlich eine Feuererscheinung im Innern sichtbar wird. Nach dem Erkalten zerdrückt man es, um die erhaltenen Reduktionsprodukte weiter zu prüfen.

3. Reduktion am Kohlenstäbchen. An die Spitze des Stäbchens bringt man die mit einem Tropfen eines schmelzenden Sodakristalls zu einer breiigen Masse gemischte Probe von der Größe eines Hirsekorns, führt sie zunächst zum Schmelzen

in die untere Oxydationsflamme und dann in den gegenüberliegenden heißesten Teil des unteren Reduktionsraumes. Nach
eingetretener Reduktion, die sich durch heftiges Aufwallen
der Soda zu erkennen gibt, läßt man die Probe in dem dunklen
Kern der Flamme erkalten. Dann kneift man das Ende des
Kohlenstäbchens ab, zerreibt es mit einigen Tropfen Wasser im
Achatmörser und prüft nach Abschlämmen der Kohle die Reduktionsprodukte auf gewöhnliche Weise weiter.

C. Beschläge auf Porzellan.

83. Die flüchtigen, durch Wasserstoff und Kohle reduzierbaren Elemente lassen sich entweder als solche oder als Oxyde
aus ihren Verbindungen abscheiden und in Gestalt von Absätzen
auf Porzellan niederschlagen. Solche Absätze kann man leicht
in Jodide, Sulfide und andere Verbindungen überführen, die sehr
charakteristische Erkennungsmerkmale abgeben. Die Absätze bestehen in der Mitte aus einer dickeren Schicht, welche nach
allen Seiten hin ganz allmählich in einen hauchartigen Anflug
übergeht, so daß man den dickeren Absatz als „Beschlag" von
dem dünneren als „Anflug" zu unterscheiden hat. Diese Reaktionen sind so scharf, daß in vielen Fällen 0,1 bis 1 mg aus-
reicht, um sie hervorzurufen.

Die zu erzeugenden Beschläge sind folgende:

a) Metallbeschlag. Dieser wird erhalten, indem man
in der einen Hand ein Stäubchen der Probe an einem Asbestfaden
in die obere nicht zu umfangreiche Reduktionsflamme bringt,
während man mit der anderen Hand eine mit kaltem Wasser
gefüllte, außen glasierte, dünnwandige Porzellanschale von 10 bis
12 cm Durchmesser dicht über dem Asbestfaden in die obere
Reduktionsflamme hält. Die Metalle scheiden sich als schwarze,
matte oder spiegelnde Beschläge oder Anflüge aus, die man
auf ihre Löslichkeit in verdünnter Salpetersäure (etwa 20 %
wasserfreie Säure enthaltend) prüft.

b) Oxydbeschlag. Man hält die mit kaltem Wasser gefüllte Porzellanschale in den oberen Oxydationsraum der Flamme
und verfährt im übrigen wie bei der Erzeugung von Metall-
beschlägen. Hat man die Farbe des Oxydbeschlages beobachtet,
so überzeugt man sich (1), ob ein Tropfen Zinnchlorürlösung
eine Reduktion hervorbringt; ist dieses nicht der Fall, so setzt
man (2) Natronlauge zu bis zur Auflösung des gefällten Zinn-

oxydulhydrats und achtet auf eine jetzt etwa eingetretene Reduktion; darauf wird der Beschlag (3) mit völlig neutralem Silbernitrat behandelt, indem man einen Tropfen des Reagens mit Hilfe eines Glasstabes darauf ausbreitet und einen ammoniakalischen Luftstrom darüber bläst [1]).

c) Jodidbeschlag. Er wird aus dem Oxydbeschlag dadurch erzeugt, daß man ihn anhaucht und über ein Gefäß mit Phosphortrijodid, woraus rauchende Jodwasserstoffsäure emporsteigt, hält. Der Jodidbeschlag wird durch Anhauchen von feuchter Luft und durch Anblasen von Ammoniak weiter untersucht [2]).

d) Sulfidbeschlag wird aus dem Jodidbeschlage dadurch erzeugt, daß man darauf einen schwefelammoniumhaltigen Luftstrom bläst und das überflüssige Schwefelammonium durch gelindes Erwärmen des Porzellans entfernt. Man prüft den Beschlag durch Anhauchen und Betropfen mit Wasser auf seine Löslichkeit, wodurch die in der Regel unlöslichen Sulfidbeschläge von gleichgefärbten Jodidbeschlägen unterschieden werden; in gleicher Weise untersucht man das Sulfid auf seine Löslichkeit in Schwefelammonium.

Übersicht der Flammenreaktionen.

84. Die Elemente, die durch ihre Flammenreaktionen erkannt werden, lassen sich nach ihrem Verhalten bei der Oxydation und Reduktion in drei Gruppen einteilen:

a) Zu Metall reduzierbare, flüchtige, als Beschläge abscheidbare Stoffe.

b) Zu Metall reduzierbare, keine Beschläge gebende Stoffe.

c) Elemente, die am besten an dem Verhalten ihrer Verbindungen erkannt werden.

Unter Hinzunahme der an der Flammenfärbung erkennbaren Stoffe erhält man die folgende Übersicht der Flammenreaktionen.

---

[1]) Dieses geschieht am besten durch Benutzung einer kleinen, Ammoniak enthaltenden Spritzflasche, bei der das Blasrohr unter der Flüssigkeit, das Spritzrohr dagegen unter dem Kork mündet.

[2]) Die im § 77 beschriebenen Jodidreaktionen einschließlich derjenigen von nichtflüchtigen Elementen lassen sich mittelst der Bunsenflamme auf der Wandung des Porzellanschälchens erhalten, wenn man die Probe mit Jodschwefel auf Asbest in dem oberen Oxydationsraum erhitzt.

Die den Elementen beigefügten Zahlen beziehen sich auf die Paragraphen, in denen das Verhalten beschrieben ist.

Angewandte Methode	Erhaltene Reaktion	Deutet auf
I. Man versucht einen Metallbeschlag am Porzellanschälchen hervorzubringen	Ein Beschlag, der auf seine Löslichkeit in verdünnter Salpetersäure geprüft wird	kaum löslich: Tellur (85), Selen (86), Antimon (87), Arsen (88). schwer löslich: Wismut (89), Quecksilber (90), Thallium (91). sofort löslich: Blei (92), Cadmium (93), Zink (94), Indium (95).
II. Man erhitzt die Substanz mit Soda im Kohlenstäbchen	a) ein graues Pulver	magnetisch: Eisen (96), Nickel (97), Kobalt (98), nicht magnetisch: Palladium (99), Platin (100), Iridium (101), Rhodium (102), Osmium (103).
	b) ein Metallkorn	Gold (104), Silber (105), Kupfer (106), Zinn (107).
III. Man glüht die Masse mit Na_2CO_3 und KNO_3 am Platindraht	a) eine weiße oder farblose Schmelze	Molybdän (108), Wolfram (109), Titan, Tantal, Niob (110), Kiesel 115.
	b) eine gelbe Schmelze	Chrom (111), Vanadin (112).
	c) eine grüne Schmelze	Mangan (113).

IV. Spezielle Verfahren zur Ermittelung von Uran (114), Phosphor (116), Schwefel (117).

V. Flammenfärbung	Kalium (48), Natrium (49), Lithium (50), Baryum (51), Calcium (52), Thallium (91).

A. Zu Metall reduzierbare, flüchtige, als Beschläge abscheidbare Elemente.

85. Tellurverbindungen. Flammenfärbung und Beschläge sind in der Tabelle auf S. 76/77 beschrieben.

Am Kohlenstäbchen mit Soda entsteht Tellurnatrium, das, auf einer Silbermünze angefeuchtet, einen schwarzen Fleck hervorbringt.

86. Selenverbindungen. Flammenfärbung und Beschläge sind in der Tabelle auf S. 76/77 mitgeteilt.

Reduktion mit Soda am Kohlenstäbchen; es bildet sich Selennatrium, das angefeuchtet, auf einer Silbermünze einen schwarzen Fleck hervorbringt.

87. Antimonverbindungen. Flammenfärbung und Beschläge sind aus der Tabelle auf S. 76/77 ersichtlich.

Am Kohlenstäbchen mit Soda ein sprödes, weißes, kristallinisches Metallkorn.

88. Arsenverbindungen. Flammenfärbung, Geruch und Beschläge sind in der Tabelle auf S. 76/77 angegeben.

Am Kohlenstäbchen mit Soda keine Reaktion.

89. Wismutverbindungen. Flammenfärbung und Beschläge sind in der Tabelle auf S. 76/77 angegeben.

Am Kohlenstäbchen mit Soda erhält man ein zu glänzenden gelblichen Flittern zerreibbares Metallkorn, das in Salpetersäure löslich ist. Aus der Lösung wird durch Zinnchlorür und Natronlauge schwarzes Wismutmetall abgeschieden.

90. Quecksilberverbindungen. Die Beschläge sind in der Tabelle auf S. 76/77 beschrieben. Der Jodidbeschlag wird erhalten, wenn man den Metallbeschlag Bromdämpfen so lange aussetzt, bis das Metall verschwunden ist, und dann Jodwasserstoff auf die Bromide einwirken läßt, oder wenn man den Metallbeschlag mit brennender alkoholischer Jodmethyllösung beräuchert.

Am Kohlenstäbchen keine Reaktion.

91. Thalliumverbindungen. Flammenfärbung und Beschlagbildung sind in der Tabelle auf S. 76/77 verzeichnet.

Am Kohlenstäbchen mit Soda weißes, geschmeidiges Metallkorn, das an der Luft schnell anläuft und von Salzsäure schwierig angegriffen wird.

92. Bleiverbindungen. Flammenfärbung und Beschläge sind aus der Tabelle auf S. 76/77 zu ersehen.

Am Kohlenstäbchen mit Soda graues, sehr weiches, geschmeidiges Metallkorn, das sich langsam aber vollständig in nicht zu konzentrierter Salpetersäure zu einem leicht kristallisierenden, weißen Salze löst, das von Wasser leicht aufgenommen und durch Schwefelsäure und konzentrierte Salzsäure, die man mit einer kapillaren Pipette zutropft, weiß gefällt wird.

93. Cadmiumverbindungen. Die Beschläge sind in der Tabelle auf S. 76/77 beschrieben.

Am Kohlenstäbchen mit Soda silberweiße, geschmeidige

Kügelchen, die sich wegen der Flüchtigkeit des Metalles schwierig bilden.

94. Zinkverbindungen. Die Beschläge sind in der Tabelle auf S. 76/77 enthalten. Der Oxydbeschlag ist wegen seiner weißen Farbe unsichtbar. Wischt man den Oxyd- oder Metallbeschlag auf ein kleines, mit Salpetersäure benetztes Stückchen Fließpapier, rollt dieses fest auf Platindraht, verbrennt es und glüht die mit Kobaltlösung befeuchtete Asche in der Oxydationsflamme, so färbt sie sich schön grün. Die Probe war vor der Behandlung mit Kobaltlösung heiß zitronengelb, kalt weiß.

Am Kohlenstäbchen wegen der Flüchtigkeit des Metalls keine Reaktion.

95. Indiumverbindungen. Flammenfärbung und Beschläge sind in der Tabelle auf S. 76/77 angegeben.

Am Kohlenstäbchen mit Soda erfolgt mit Schwierigkeit Reduktion zu silberweißen, geschmeidigen Kügelchen, die sich in Salzsäure langsam lösen.

Die Beschläge der in §§ 85 bis 95 behandelten Elemente sind in der nachstehenden Tabelle (S. 76/77) übersichtlich zusammengestellt.

B. Zu Metall reduzierbare, keine Beschläge gebende Stoffe.

96. Eisenverbindungen. Reduktion am Kohlenstäbchen. Weder ein Metallkorn noch glänzende Flitter; die im Achatmörser fein zerriebene reduzierte Masse bildet am Magnet eine schwarze, nicht metallglänzende Bürste, die, auf Papier gestrichen und mit Königswasser betropft, beim Erwärmen über der Flamme einen gelben Fleck erzeugt, der beim Anfeuchten mit Ferrocyankalium tiefblau wird. Das Papier ist zuvor auf Eisen zu prüfen.

Boraxperle. Oxydationsflamme heiß gelb bis braunrot, kalt gelb bis braungelb; Reduktionsflamme flaschengrün.

97. Nickelverbindungen. Reduktion am Kohlenstäbchen. Weiße, glänzende, geschmeidige Metallflitter, die sich bürstenartig an den Magnet lagern. Auf Papier abgestrichen, gibt das Metall mit Salpetersäure eine grüne Lösung, die nach Betropfen mit Natronlauge, Einhängen in Bromdampf und abermaligem Betupfen mit Natronlauge einen schwarzen Fleck von Nickeloxyd (Ni_2O_3) ausscheidet.

Boraxperle: Oxydationsflamme: schmutzig violett, obere Reduktionsflamme: grau von metallisch abgeschiedenem Nickel,

	Metallbeschlag und Anflug	Oxydbeschlag und Anflug	Oxydbeschlag mit $SnCl_2$	Oxydbeschlag mit $SnCl_2$ und NaHO	Oxydbeschlag mit $AgNO_3$ und NH_3
85. Te.	Schwarz mit braunem Anflug	Weiß	Schwarz	Schwarz	Weiß ins gelbliche
86. Se.	Kirschrot mit ziegelrotem Anflug	Weiß	Ziegelrot	Schwarz	Weiß
87. Sb.	Schwarz mit braunem Anflug	Weiß	Weiß	Weiß	Schwarz, in NH_3 unlöslich
88. As.	Schwarz mit braunem Anflug	Weiß	Weiß	Weiß	Zitronengelb oder braunrot in NH_3 löslich
89. Bi.	Schwarz mit rußbraunem Anflug	Gelblichweiß	Weiß	Schwarz (Bi-Metall)	Weiß
90. Hg.	Grauer, unzusammenhängender Anflug				
91. Tl.	Schwarz mit braunem Anflug	Weiß	Weiß	Weiß	Weiß
92. Pb.	Schwarz mit braunem Anflug	Hellockergelb	Weiß	Weiß	Weiß
93. Cd.	Schwarz mit braunem Anflug	Schwarz in braun mit weißem Anflug	Weiß	Weiß	Weißer Anflug wird blauschwarz
94. Zn.	Schwarz mit braunem Anflug	Weiß	Weiß	Weiß	Weiß
95. In.	Schwarz mit braunem Anflug	Gelblichweiß	Weiß	Weiß	Weiß

Jodidbeschlag und Anflug	Jodidbeschlag mit NH_3	Sulfidbeschlag und Anflug	Sulfidbeschlag mit $(NH_4)_2S$	Flammenfärbung und Geruch	
Braun, vorübergehend verhauchbar	Bleibend verblasbar	Schwarz bis schwarzbraun	Vorübergehend verschwindeud	Obere Reduktionsflamme fahlblau; obere Oxydationsflamme grün; kein Geruch	Stoffe, deren Metallbeschlag in verdünnter Salpetersäure kaum löslich.
Braun, nicht völlig verhauchbar	Nicht verblasbar	Gelb bis orange	Orange, dann vorübergehend verschwindend	Kornblumenblau; Geruch des faulen Rettichs	
Orangerot durch gelb, vorübergehend verhauchbar	Bleibend verblasbar	Orange	Vorübergehend verschwindend	Oberer Reduktionsraum fahlgrün	
Eigelb, vorübergehend verhauchbar	Bleibend verblasbar	Zitronengelb	Vorübergehend verschwindend	Oberer Reduktionsraum fahlblau; Knoblauchgeruch	
Bläulichbraun, mit fleisch- bis morgenrotem Anflug, vorübergeh. verhauchbar	Morgenrot bis eigelb, trocken geblasen kastanienbraun	Umbrabraun mit kaffeebraunem Anflug	Nicht verschwindend	Bläulich, nicht charakteristisch	Stoffe, deren Metallbeschlag in verdünnter Salpetersäure schwer löslich.
Karminrot und zitronengelb, nicht verhauchbar	Vorübergehend verblasbar	Schwarz	Nicht verschwindend		
Zitronengelb, nicht verhauchbar	Nicht verblasbar	Schwarz mit bläulichgrauem Anflug	Nicht verschwindend	Hell grasgrün	
Eigelb bis zitronengelb, nicht verhauchbar	Vorübergehend verblasbar	Durch braunrot in schwarz	Nicht verschwindend	Fahlblau	Stoffe, deren Metallbeschlag in verdünnter Salpetersäure momentan löslich.
Weiß	Weiß	Zitronengelb	Nicht verschwindend		
Weiß	Weiß	Weiß	Nicht verschwindend		
Gelblichweiß	Gelblichweiß	Weiß	Nicht verschwindend	intensiv indigoblau	

das sich oft zu silberweißem Nickelschwamm vereinigt, wobei die Perle farblos wird.

98. Kobaltverbindungen. Reduktion am Kohlenstäbchen. Weiße, glänzende, geschmeidige Metallflitter, die am Magnet eine Bürste bilden. Auf Papier gestrichen, gibt das Metall mit Salpetersäure eine rote Lösung, die nach Betropfen mit Salzsäure und Trocknen einen grünen Fleck hinterläßt, der beim Anfeuchten wieder verschwindet. Mit Natronlauge und Bromdampf erhält man wie bei Nickel einen braunschwarzen Fleck von Oxyd (Co_2O_3).

Boraxperle: in beiden Flammen tiefblau.

99. Palladiumverbindungen. Mit Soda am Platindraht. In der oberen Oxydationsflamme erhält man eine graue, dem Platinschwamm ähnliche Masse, die beim Reiben im Achatmörser silberweise, glänzende, geschmeidige Metallflitter ergibt, die sich in Salpetersäure mit roter Farbe lösen. Setzt man einen Tropfen Quecksilbercyanidlösung zu und bläst einen ammoniakalischen Luftstrom über die Flüssigkeit, so entsteht ein weißer, flockiger Niederschlag von Palladocyanid $(Pd(CN)_2)$, der sich in überschlüssigem Reagens wieder löst.

100. Platinverbindungen. Mit Soda am Platindraht. In der oberen Oxydationsflamme werden Platinverbindungen zu einer grauen schwammähnlichen Masse reduziert, die, im Achatmörser zerrieben, silberweiße, glänzende, geschmeidige Metallflitter liefert; diese sind sowohl in Salpetersäure als auch in Salzsäure unlöslich, in Königswasser hingegen leicht löslich und zwar mit hellgelber Farbe, wenn das Platin rein ist, mit bräunlichgelber, wenn Palladium, Rhodium oder Iridium zugegen sind. Quecksilbercyanid und Anblasen von Ammoniak bewirken keinen weißen, flockigen, sondern einen eigelben, kristallinischen Niederschlag $(Pt(NH_4)_2Cl_6)$.

Zinnchlorür färbt Platinlösungen gelbbraun.

101. Iridiumverbindungen. Mit Soda am Platindraht. In der oberen Oxydationsflamme findet eine Reduktion zu Metall statt, das sich beim Reiben im Achatmörser weder als glänzend noch als geschmeidig erweist und in Säuren, einschließlich Königswasser, ganz unlöslich ist.

102. Rhodiumverbindungen. Diese unterscheiden sich von den Iridiumverbindungen nur dadurch, daß das Metallpulver beim Schmelzen mit saurem Kaliumsulfat teilweise oxydiert wird und eine rosenrote Lösung gibt.

103. Osmiumverbindungen werden in der Oxydationsflamme zu Osmiumtetroxyd oxydiert, das flüchtig ist und einen chlorartig stechenden, die Augen angreifenden Geruch entwickelt.

104. Goldverbindungen. Mit Soda am Kohlenstäbchen. Man bekommt ein gelbes, glänzendes Korn, das im Mörser goldglänzende Blättchen gibt. Diese lösen sich weder in Salzsäure noch in Salpetersäure, wohl aber in Königswasser. Wird die hellgelbe Lösung in Fließpapier aufgesogen und mit Zinnchlorür benetzt, so bildet sich Goldpurpur.

105. Silberverbindungen. Mit Soda am Kohlenstäbchen. Es entsteht ein weißes, geschmeidiges Korn, das sich bei gelindem Erwärmen in Salpetersäure löst. Salzsäure bewirkt in der Lösung einen weißen, käsigen Niederschlag, der in Ammoniak löslich, in Salpetersäure unlöslich ist.

106. Kupferverbindungen. Mit Soda am Kohlenstäbchen. Man erhält ein kupferrotes, glänzendes Korn, welches sich in Salpetersäure mit blauer Farbe löst. Saugt man die Lösung auf Fließpapier, so erhält man auf Zusatz von Blutlaugensalz einen braunen Niederschlag.

Boraxperle: Man bekommt eine blaue Perle, die in der unteren Reduktionsflamme nach Zusatz von etwas Zinnchlorür, infolge Bildung von Kupferoxydul rotbraun wird. Durch abwechselndes Oxydieren und Reduzieren wird die Perle rubinrot und durchsichtig, am besten, wenn man die reduzierte, nur wenig gefärbte Perle sich sehr langsam oxydieren läßt.

107. Zinnverbindungen. Am Kohlenstäbchen. Weißes, glänzendes, geschmeidiges Korn, das sich in Salzsäure langsam löst und von Salpetersäure in unlösliches Zinnoxyd verwandelt wird. In der Auflösung bewirkt Wismutnitrat und ein Überschuß von Natriumhydroxyd einen schwarzen Niederschlag.

C. Elemente, die am besten an dem Verhalten ihrer Verbindungen erkannt werden.

108. Molybdänverbindungen. Mit Soda am Kohlenstäbchen. Schwierig zu einem grauen Pulver reduzierbar.

Boraxperle (wenig charakteristisch): Die Perle ist in der Oxydationsflamme anfangs farblos, und wird bei voller Sättigung emailartig bläulich.

Spezielle Reaktionen. Erhitzt man eine molybdänhaltige Boraxperle längere Zeit in der heißesten oberen Oxydationsflamme, so kann die sich verflüchtigende Molybdänsäure als unsichtbarer Beschlag an der mit Wasser gekühlten Porzellanschale aufgefangen werden. Nach dem Erkalten färbt sich dieser Beschlag mit verdünnter Zinnchlorürlösung (1 : 100) charakteristisch blau (M_2O_5). Die fein gepulverte Substanz wird mit Soda auf einer Platinspirale in der Lampenflamme geschmolzen. Man klopft die weißglühende Masse ab und löst sie in einigen Tropfen warmen Wassers. Die über dem Bodensatz stehende klare Flüssigkeit wird in Fließpapier aufgesogen und folgenden Reaktionen unterworfen: Nach schwachem Ansäuren mit Salzsäure bringt Blutlaugensalz einen rotbraunen Fleck hervor. Zinnchlorürlösung, allmählich zugesetzt, bewirkt sofort oder nach gelindem Erwärmen eine blaue Färbung.

109. Wolframverbindungen. Man schließt diese Verbindungen in der Weise auf, wie es beim Molybdän beschrieben ist und saugt die wässerige Lösung in Fließpapier. Salzsäure und Blutlaugensalz geben keine Reaktion; Zinnchlorür bewirkt sogleich oder beim Erwärmen eine Blaufärbung. Schwefelammonium gibt weder für sich noch mit Salzsäure einen Niederschlag, färbt jedoch, namentlich beim Erwärmen, das Papier blau oder grünlich.

110. Titanverbindungen. Phosphorsalzperle; in der Oxydationsflamme farblos, wird sie in der Reduktionsflamme schwach amethystfarbig; setzt man der Perle etwas Eisenvitriol zu, so nimmt sie in der unteren Reduktionsflamme eine rote Farbe an.

Mit Soda am Platindraht. Zur farblosen, durchsichtigen Schmelze löslich, die beim Erkalten trübe wird. Das entstandene Natriummetatitanat ist in kaltem Wasser unlöslich, in Säuren leicht löslich; heißes Wasser scheidet daraus Metatitansäure ab, die sich in verdünnten Säuren nur schwierig auflöst. Benetzt man die noch heiße Sodaperle mit Zinnchlorür und bringt sie in den unteren Reduktionsraum der Flamme, so erhält man eine graue Masse, die sich in Salzsäure mit schwacher Amethystfarbe beim Erwärmen löst.

Tantal und Niobverbindungen verhalten sich wie die Titanverbindungen.

111. Chromverbindungen. Mit Soda in der Platinspirale. Schließt man Chromverbindungen mit Soda in der heißesten oberen Oxydationsflamme auf, so bekommt man eine gelbe Schmelze, die sich in Wasser mit hellgelber Farbe löst. Trennt man die Flüssigkeit vom Bodensatz und säuert sie mit Essigsäure an, so bewirkt Bleilösung einen gelben, Silberlösung einen höchst charakteristischen rotbraunen Niederschlag. Schwefelammonium, Zinnchlorür oder Eindampfen mit Königswasser verändern die gelbe Farbe der Lösung in grün.

Boraxperle: in beiden Flammen smaragdgrün.

112. Vanadinverbindungen. Mit Soda und Salpeter in der Platinspirale. Man erhält eine gelbe Schmelze, deren mit Essigsäure versetzte Lösung durch Silberlösung gelb gefärbt wird. Wird die Lösung mit Königswasser eingedampft, so erhält man keine grüne Flüssigkeit, sondern eine gelbe oder gelbbraune, welche durch Zinnchlorür blau gefärbt wird.

Boraxperle: Oxydationsflamme grünlichgelb, Reduktionsflamme grün.

113. Manganverbindungen. Boraxperle: Oxydationsflamme amethystfarbig, Reduktionsflamme farblos.

Mit Soda und Salpeter in der Platinspirale. Es entsteht eine grüne Schmelze, die sich in Wasser mit grüner Farbe löst. Durch Essigsäure wird die Flüssigkeit rot und später farblos, unter Abscheidung brauner Flocken.

114. Uranverbindungen. Boraxperle: Oxydationsflamme gelb, Reduktionsflamme grün. Von der sehr ähnlichen Eisenreaktion unterscheidet sich die heiße Uranperle durch Ausstrahlen eines blaugrünen Lichtes.

Phosphorsalzperle: Reduktionsflamme schön grün, während Eisen eine kalt rötliche oder farblose Perle gibt.

Mit saurem Kaliumsulfat in der Platinspirale. Die Schmelze wird mit einigen Körnchen kristallisierter Soda zerrieben, angefeuchtet und in Fließpapier aufgesogen. Nach Ansäuren mit Essigsäure bewirkt Blutlaugensalz einen braunen Fleck.

115. Kieselsäureverbindungen. Phosphorsalzperle. Kleine Splitterchen von Silikaten geben in der Regel ein gallertartiges, unschmelzbares, in der Perle schwimmendes Kieselsäureskelett.

Mit Soda am Platindraht. Unter Aufbrausen entsteht in der Oxydationsflamme eine klare Perle. Versetzt man diese mit Wasser und Essigsäure und dampft die Lösung vorsichtig ab, so scheidet sich eine gallertartige Masse ab, die aus wasserhaltiger Kieselsäure besteht.

116. Phosphorverbindungen. Die völlig trockene Probe wird mit einem Stückchen Magnesiumdraht oder Natrium in einem

Glühröhrchen erhitzt, wobei die Masse zum Glühen kommt. Wird das Röhrchen zerdrückt und der Inhalt mit Wasser angefeuchtet, so entsteht der charakteristische Geruch von Phosphorwasserstoff.

117. Schwefelverbindungen. Mit Soda am Kohlenstäbchen. Im unteren Reduktionsraum der Flamme erhält man eine Schmelze, die auf einer befeuchteten Silbermünze einen schwarzen Fleck hervorbringt. Diese Reaktion ist aber nur dann zuverlässig, wenn das Leuchtgas schwefelfrei und nach §§ 85 und 86 die Abwesenheit von Tellur und Selen, welche die gleiche Reaktion hervorbringen, festgestellt ist.

Schwefelmetalle geben den Schwefelgehalt schon durch die Entwickelung von Schwefeldioxyd beim Erhitzen in der Flamme zu erkennen; auch geben sie mit Soda in der oberen Oxydationsflamme erhitzt die Heparreaktion (Unterschied von Sulfaten).

Mikroskopische Untersuchungen von Lötrohrperlen.

118. Die beim Flattern übersättigter Borax- und Phosphorsalzperlen eintretenden Erscheinungen sind zuerst von Berzelius[1] 1820 beschrieben worden, ohne indessen ihre Ursache aufzuklären. Erst 46 Jahre später wurde von Emerson[2] gefunden, daß man durch geeignete Behandlung solcher Perlen gut ausgebildete Kristalle erhalten kann, die sich, vergrößert, an ihren charakteristischen Formen erkennen lassen. Bald darauf, 1867, zeigte G. Rose[3], daß man Titansäure in der Boraxperle als Rutil, in der Phosphorsalzperle als Anatas und bei stärkerer Hitze als Rutil auskristallisieren lassen kann, ebenso Eisenoxyd und Eisenoxydul als Eisenglanz und Magneteisenerz; er sprach dabei die Erwartung aus, daß die weitere Ausbildung der mikroskopischen Prüfung der Lötrohrperlen eine neue Methode abgeben werde, die chemische Beschaffenheit der Körper zu erkennen.

H. C. Sorby[4] schlug 1869 einen neuen Weg in dieser Richtung ein, indem er der Boraxperle verschiedene Reagentien

---

[1] Berzelius, Om Blasörets Användande i kemien och Mineralogien Stockholm 1820, deutsche Ausgabe von H. Rose (1821).

[2] Emerson, Proc. Amer. Acad. **6,** 476 (1866).

[3] G. Rose, Monatsber. Akad. Berlin 1867 129, 450.

[4] H. C. Sorby, Monthly Microscopical Journ. Jahrg. 1869. 349, Chem. News **20,** 18 (1869).

zusetzte, um gewissermaßen Niederschläge in kristallinischer Form zu erhalten. Leider hat er über seine Versuche nur wenig veröffentlicht. Er [1]) wandte hauptsächlich Titan-, Wolfram- und Molybdänsäure an und erhielt mit deren Hilfe bei vielen Verbindungen charakteristische Kristalle. Bei Anwendung von Titansäure vermochte er kleine Mengen Magnesia neben einem viel größeren Kalkgehalt nachzuweisen.

G. Roses Untersuchungen wurden der Ausgangspunkt für die weitere Entwicklung dieser Methode. Zunächst zeigte Knop [2]), daß die von Rose erhaltenen quadratischen Kristalle kein Anatas waren, sondern sich als phosphorsäurehaltig erwiesen und eine rhombische Form haben. Auch dieses Ergebnis entsprach noch nicht den Tatsachen. G. Wunder [3]) fand, daß die Kristalle außer P_2O_5 auch noch Na_2O enthielten, mithin aus Titannatriumphosphat $Ti_2Na(PO_4)_3$ bestehen und würfelähnliche Rhomboeder darstellen. Später gelang es B. Doß [4]), aus der Phosphorsalzperle Kristalle von Titansäure sowohl als Anatas in steilen tetragonalen Doppelpyramiden wie auch als Rutil in nadel- und tafelförmigen Formen zu erhalten und klarzustellen, warum sich zunächst nur Titannatriumphosphat und später nur Rutile und Anatase bilden (§ 219). Wunder erklärte auch, warum nicht jede übersättigte Perle bei abwechselndem Erkalten und Anwärmen Kristalle ausscheidet. Dies erfolgt nur, wenn der Schmelzpunkt der kristallisierbaren Verbindung höher liegt als der Erstarrungspunkt des Glasflusses. Aus der Auffassung des Glases als feste Lösung im Sinne van't Hoffs ergibt sich auch die Übereinstimmung mancher Eigenschaften des Glases mit flüssigen Lösungen.

Eine weitere Ausdehnung dieser Versuche unternahm Florence [5]) der neben Phosphorsalz Kaliumnatriumborat $KNaB_4O_7$ an Stelle von Borax anwandte, weil es leichter schmilzt. Um der Schwierigkeit zu begegnen, daß bei dem notwendigen Übersättigen der Perlen die Kristallausscheidungen zu reichlich erfolgen und dadurch die mikroskopische Untersuchung erschweren, setzte er den Perlen Bleioxyd zu. Die Boraxperle

---

[1]) H. C. Sorby, Privatmitteilung an den Verfasser aus dem Jahre 1879.
[2]) Knop, Ann. Chem. Pharm. **157,** 363 (1871).
[3]) Wunder, Über die aus Glasflüssen kristallisierten Zinn- und Titanverbindungen. Journ. f. prakt. Chemie. N. F. **4,** 339 (1871).
[4]) Doß, N. Jahrb. f. Mineral. Jahrg. 1894. Bd. 2, 147—216.
[5]) Florence, N. Jahrb. f. Mineral. Jahrg. 1898. Bd. 2, 79—146.

vermag deren etwa 260, die Phosphorsalzperle 80 Gewichtsprozente aufzunehmen, ohne beim Erkalten trübe zu werden; hierdurch wird der Sättigungsgrad der Perlen erniedrigt; man braucht weniger Substanz zuzusetzen und erhält nicht so viele aber größer ausfallende Kristalle. Der Bleizusatz ist indessen nicht in allen Fällen anwendbar.

119. Die Anstellung der Versuche erfordert ein Mikroskop von etwa 50—200 facher Vergrößerung. Der Platindraht soll eine Stärke von ca. 0,25 mm haben und zu einer kreisrunden, vollkommen geschlossenen Schlinge von ungefähr 3 mm Durchmesser gebogen sein. Vom Perlenmaterial nimmt man so viel in das Öhr, daß eine fast kugelrunde Perle entsteht, die man mit so viel Bleioxyd beschickt, als sie zu lösen vermag, ohne nach dem Erkalten trübe zu sein. Eine solche Perle verändert, sobald sie dünnflüssig geworden, ihre Gestalt; die untere Hälfte nimmt durch die Schwere auf Kosten der oberen zu. Zum Erhitzen verwendet am besten eine gewöhnliche Spirituslampe, welche eine spitze Flamme von 4—5 cm Länge liefert. Um herabfallende Perlen aufzufangen, umgibt man den Hals der Lampe mit einer runden, in der Mitte ausgeschnittenen Glasscheibe. Beim Auflösen des Bleioxyds muß eine reine Oxydationsflamme angewandt werden, weil sonst das reduzierte Blei die Schlinge abschmilzt.

Um die Perle unter dem Mikroskop betrachten zu können, drückt man sie zwischen zwei Glasplatten möglichst gleichmäßig platt. Je nach der Größe der Perle erhält man dann eine Scheibe von 6—8 mm Durchmesser.

Zur Herstellung des Kalium-Natriumborats löst man zwei gleiche Teile Borsäure in möglichst wenig heißem Wasser, neutralisiert die eine Lösung mit Natriumkarbonat, die andere mit Kaliumkarbonat, vereinigt beide Flüssigkeiten und dampft sie über dem Wasserbade zu einer zähen, durchsichtigen Masse ab, die beim Erkalten weiß und fest wird.

Man trägt die fein pulverisierte Probe nach und nach in die Perle ein, löst sie durch heißes Blasen auf und läßt die Perle langsam kühler werden, was man erreicht, wenn die Flamme nur die tiefste Stelle der Perle berührt oder dicht an ihr vorüberstreicht. Die für die Kristallbildung geeignete Temperatur und die Menge der aufzulösenden Substanz sind bei jedem Körper verschieden und müssen ausprobiert werden.

In manchen Fällen, z. B. bei Ceroxyd, kann man die Kristalle mit bloßem Auge erkennen; bei nicht klar durchsichtigen Perlen zeigt das rauhe und matte Aussehen der sonst glatten und glänzenden Oberfläche die stattgefundene Kristallausscheidung an. Die Kristalle lassen sich auf einem Uhrglase durch Auflösen der Perle in Wasser, das mit Salpetersäure schwach angesäuert wurde und nach erfolgtem Auswaschen durch Abgießen isolieren, was bei dunkelgefärbten Perlen und bei überreichlicher Kristallausscheidung geboten ist; in allen übrigen Fällen bringt man die auf einen Objektträger gelegte und mit einem Deckgläschen bedeckte platte Scheibe unter das Mikroskop. Auch kann man den Draht unterhalb der fertigen Gläser abkneifen und deren mehrere auf einem Objektträger mit Kanadabalsam und Deckgläschen präparieren; sie halten sich längere Zeit.

Wer sich mit den Kristallausscheidungen in Lötrohrperlen beschäftigen will, muß sich solche Präparate anfertigen. Weder Beschreibungen noch Zeichnungen vermögen ein verläßliches Bild der Erscheinungen zu entwerfen. Die Kristalle sind so vielgestaltig und treten in so mannigfachen Gruppierungen und Verwachsungen auf, daß nur eigene Anschauung und Übung zum Ziele führen können.

120. Die Beobachtung der Form und des optischen Verhaltens der Kristalle verlangt ein Mikroskop, das mit einem drehbaren Objekttisch, zwei Nicolschen Prismen (dem Polarisator und dem Analysator), einem Fadenkreuz und einem Schlitz im Rohr zur Einführung einer Gips- oder Glimmerplatte versehen ist.

Die völlige Verdunklung der sonst hell belichteten Gesichtsfelder bei gekreuzten Nicols nennt man Auslöschung; erfolgt sie am stärksten, wenn die Längskante eines doppelbrechenden Kristalles parallel zu einem Faden im Fadenkreuze liegt, so hat der Kristall gerade Auslöschung, liegt sie nicht parallel, so findet schiefe Auslöschung statt. Auffallendes Licht wird vom Objektträger durch die vorgehaltene Hand beseitigt.

Die Bestimmung des Kristallsystems kann nach folgender Tabelle[1]) geschehen:

---

[1]) Aus Fuchs und Brauns, Anleitung zum Bestimmen der Mineralien. Gießen 1907.

1. Alle Kristalle, die bei gekreuzten Nicols in jeder Lage dunkel bleiben, sind isotrop oder einfach brechend, **regulär**.

2. Von den Kristallen werden die meisten zwischen gekreuzten Nicols hell (oft nur grau) und farbig und besitzen gerade Auslöschung, während einzelne in allen Lagen dunkel bleiben; sie sind **doppelbrechend** und optisch einachsig. Man achte auf den Umriß der dunkelbleibenden Kristalle.

 a) Ist dieser Umriß vierseitig, quadratisch, so sind die Kristalle **quadratisch**;

 b) ist er sechsseitig, so sind die Kristalle **hexagonal**;

 c) ist er dreiseitig, so sind die Kristalle **rhomboedrisch**.

3. Alle Kristalle werden zwischen gekreuzten Nicols hell (oft nur grau) und farbig; sie sind **optisch zweiachsig**.

 a) Besitzen alle gerade Auslöschung, so sind sie **rhombisch**;

 b) besitzen die meisten schiefe, einige gerade Auslöschung, so sind sie **monoklin**;

 c) zeigen alle Kristalle schiefe Auslöschung, so sind sie **triklin**.

121. Ehe man Versuche mit anderen Körpern macht, muß das Verhalten des Bleioxyds, das den Perlen zugefügt wird, studiert werden. Die Kalium - Natriumboratperle, die auch nach Auflösen von 260 Gewichtsteilen Bleioxyd nach dem Erstarren klar bleibt, vermag noch verhältnismäßig viel Bleioxyd aufzunehmen. Bei steigendem Gehalt trübt sich zunächst die Perle beim Erkalten, bei noch höherem wird sie bei gelindem Anwärmen vom ausgeschiedenen Bleioxyd rot und undurchsichtig. Schmilzt man sie von neuem und behält längere Zeit eine niedrige Temperatur bei, so scheiden sich kleine sternförmige Kristallskelette aus. Ein noch höherer Bleioxydgehalt bewirkt die Ausscheidung von größeren, reich verzierten Sternen oder von Achtecken, die am Rande leicht opak werden und von roter Farbe sind.

Überschreitet man bei der Phosphorsalzperle den Bleioxydgehalt, der beim Erstarren gelöst bleibt, so geht eine Kristallausscheidung vor sich, die aus Nadeln besteht.

Florence, auf dessen Abhandlung mit Abbildungen in Lichtdruck verwiesen wird, hat die folgenden Reaktionen beschrieben.

122. Aluminium. a) $KNaB_4O_7$ mit PbO. Die Kristallausscheidung geht bei mittlerem Sättigungsgrade und bei niedriger

Temperatur nach wiederholtem schwachen Anwärmen vor sich; es entstehen schöne farblose, stark licht- und doppelbrechende sechsseitige Tafeln, optisch einachsig und negativ[1]). Die Boraxperle mit Zusatz von PbO verhält sich ebenso.

b) $NaPO_3$ mit PbO. Keine charakteristische Kristallisation.

123. Antimon. a) $KNaB_4O_7$ mit PbO. Es entstehen schon durch einmalige Abkühlung reguläre, verhältnismäßig große Oktaeder von gelber Farbe.

b) $NaPO_3$ mit PbO. Wird die erkaltete, gesättigte Perle, welche weiß ist, über der Flammenspitze angewärmt, bis sie wieder klar wird, und plattgedrückt, ehe die Trübung von neuem auftritt, so bilden sich einfache hexagonale Tafeln.

124. Baryum. a) $KNaB_4O_7$ mit PbO. Es scheiden sich kreuzförmige, den Briefumschlägen ähnliche doppelbrechende Kristallskelette aus, aber keine ausgebildeten, isolierten Kristalle.

b) $NaPO_3$ mit PbO. Es entstehen unbestimmbare, anscheinend hexagonale, schwach doppelbrechende Kristallskelette.

125. Beryllium. Ohne Bleioxydzusatz erhält man mit $KaNaB_4O_7$ und noch besser mit Borax sehr charakteristische Kristalle, deren langsame Ausscheidung man mit bloßem Auge erkennen kann. Es entstehen säulenförmige Kriställchen mit zur Längsachse gerader Auslöschung und schwacher Doppelbrechung.

b) $NaPO_3$ mit oder ohne PbO. Die ausgeschiedenen Formen gehören dem hexagonalen System an; zierliche, den Eiskristallen ähnliche isotrope Sechsecke und garbenförmige Büschel von schwacher Doppelbrechung.

126. Cadmium. a) $KNaB_4O_7$ mit PbO. Die Kristallbildung geht vor sich, wenn man die Perle über der Flammenspitze so weit erwärmt, daß sie eben geschmolzen bleibt, oder wenn man sie öfter erstarren läßt und wieder anwärmt. Man erhält reguläre Oktaeder von dunkelbrauner Farbe.

b) $NaPO_3$ mit PbO. Keine charakteristische Kristallisation.

127. Calcium. a) $KNaB_4O_7$ mit PbO. Trägt man die Substanz in kleinen Mengen in die Perle ein, bis die Kristallbildung beginnt, so erblickt man unter dem Mikroskop isolierte Kriställchen, kleine rhombische Tafeln, aus der Basis mit Längs-

---

[1]) Positiv und negativ bedeuten bei doppelbrechenden Kristallen Veränderungen des Achsenbildes durch ein zwischen Mineral und Analysator eingeschaltetes Glimmerblatt.

flächen und Pyramiden zusammengesetzt; sie löschen gerade aus und haben schwache Doppelbrechung. Sättigt man die Perle weiter, so bilden sich bei langsamer Abkühlung hexagonale, eisblumenartige Kristallskelette von sehr starker Doppelbrechung; sie sind einachsig und negativ.

b) $NaPO_3$ mit PbO. Keine charakteristischen Kristallgebilde.

128. Chrom. a) $KNaB_4O_7$ bewirkt weder mit noch ohne Bleizusatz eine Kristallausscheidung.

b) $NaPO_3$ ohne PbO. Man muß heiß und anhaltend blasen, weil sich das Oxyd nur langsam auflöst. Ausgeschieden werden deutliche Rhomboeder.

129. Cer. a) $KNaB_4O_7$ mit PbO. Bei längere Zeit eingehaltener Rotglut erhält man vorzüglich ausgebildete Kristalle der mannigfachsten Form. Bei einfacheren Kombinationen herrscht die Würfelbildung vor, in Verbindung mit stumpfen Pyramidenwürfeln und Oktaedern. Komplizierte Zwillinge und Viellinge sind häufig. Die Kristalle sind von orangegelber bis braungelber Farbe, stark lichtbrechend und isotrop mithin regulär.

b) $NaPO_3$ mit PbO. Besonders bezeichnend sind ziemlich große, gelbe, schwalbenschwanzähnliche, doppelbrechende Kristallite. Daneben entstehen oft kleinere Tafeln, die entweder gerade abgeschnitten oder zugespitzt sind und häufig Durchkreuzungszwillinge bilden. Die Kristalle löschen gerade aus, sind optisch einachsig und positiv.

130. Eisen. a) $KNaB_4O_7$ mit PbO. Das Eisenoxydul färbt die Perle dunkelrot. Nachdem man am Mattwerden der Perlenoberfläche die eingetretene Kristallausscheidung erkannt hat, löst man die Perle in angesäuertem Wasser. Als Rückstand bleiben hexagonale Schuppen (Eisenglanztäfelchen).

b) $NaPO_3$ mit PbO keine Kristallbildung.

131. Erbium. Das Erbiumoxyd verhält sich wie die Yttererde.

132. Kobalt. a) $KNaB_4O_7$ mit PbO. Wenn man die Kristalle wie bei Eisen angegeben durch Auflösen der Perle isoliert, erhält man reguläre, braune, isotrope Oktaeder und lange, dünne, quadratische Nadeln, mitunter mit Pyramidenflächen.

b) $NaPO_3$ mit PbO. Keine Kristallausscheidung.

133. Magnesium. a) $KNaB_4O_7$ mit PbO. Größere rectanguläre Kristalle, stets zu Agregaten dünner Täfelchen vereinigt.

b) $NaPO_3$ mit PbO. Zunächst scheiden sich hexagonale, zierliche Sterne aus, bei zunehmender Sättigung hexagonale, opake Kristalle.

134. Niob. a) $KNaB_4O_7$ mit PbO. Reguläre Oktaeder und skelettartige Gruppen davon. Kleine Oktaeder sind isotrop.

b) $NaPO_3$ mit PbO. Die Kristallbildung ist schwer zu erzielen; ist sie erfolgt, so zeigen sich unter dem Mikroskop entweder reguläre, farblose Oktaeder mit sternförmig gruppierten Glaseinschlüssen oder rhombische, an den Enden zugespitzte Nadeln mit schwacher Doppelbrechung.

135. Nickel. a) $KNaB_4O_7$ mit PbO. Reguläre, isotrope, stark lichtbrechende Oktaeder, denen der Tantal- und Niobsäure sehr ähnlich, aber von ihnen durch die braune Farbe verschieden; die Perle wird olivgrün.

b) $NaPO_3$ mit PbO. Die schwierig und nur durch schnelles Plattdrücken der Perle zu erzielenden Kristalle sind tafelförmig, wohl rhombisch mit vorherrschender Basis in Kombination mit einem Pinakoïd und Prisma. Gerade Auslöschung und schwache Doppelbrechung. Löst man die rötlichbraune Perle in augesäuertem Wasser auf, so erkennt man, daß die Kristalle apfelgrün sind.

136. Strontinm. Das ganze Verhalten ist wie das des Bariums.

137. Tantal. Das Verhalten entspricht völlig dem des Niobs.

138. Thor. a) $KNaB_4O_7$ mit PbO. Die Perle muß vorsichtig mit der langsam sich auflösenden Thorerde bei anhaltend heißem Blasen gelöst werden. Gelbe Würfel mit treppenartig vertieften Flächen, völlig isotrop. Durchkreuzungszwillinge sind häufig.

b) $NaPO_3$ mit PbO. Von PbO darf nur so viel zugesetzt werden, daß die gesättigte Perle nach dem Erkalten und Wiederanwärmen schwach opalisiert. Man erhält große Kristalle, die dem monoklinen oder triklinen System angehören und den Kristallen der Beryllerde in der Boraxperle ähnlich sind.

139. Titan. a) $KNaB_4O_7$ mit PbO. Es entstehen leicht rektanguläre, gerade auslöschende, würfelförmige Kristalle mit starker Licht- und Doppelbrechung, aber nicht Einzelindividuen, sondern Durchkreuzungszwillinge. Bei starker Sättigung mit Titansäure, entsprechend höherem Bleioxydgehalt und anhaltend heißem Blasen bilden sich Rutilkristalle in Gestalt langer Nadeln von gelber Farbe.

b) $NaPO_3$ mit PbO. Bei geringem Bleioxydgehalt entstehen die würfelförmigen Rhomboeder von Titannatriumphosphat. Durch weiteres Sättigen mit Titansäure wird die Perle zähflüssig, scheidet Kristalle nicht mehr aus und erleidet zahlreiche Sprünge. Wird das Bleioxydgehalt vermehrt, so verschwinden die Sprünge, und die Perle vermag bei starker Hitze noch mehr Titansäure aufzunehmen und Rutil und Anataskristalle auszuscheiden (§ 219).

140. Uran. a) $KNaB_4O_7$ mit PbO. Ausgeschieden werden große, dünne, hexagonale Tafeln und Kristallskelette mit schwacher Doppelbrechung, optisch einachsig, negativ, wobei die Perle blutrot wird.

b) $NaPO_3$ mit PbO. Die Perle färbt sich grasgrün und scheidet unter Schwierigkeit spitze, grasgrüne Pyramiden aus.

141. Yttrium. a) $KNaB_4O_7$ mit PbO. Es bilden sich sehr charakteristische kreisrunde Scheiben mit eigentümlichen, gewundenen Linien, die vom Mittelpunkte ausgehen.

b) $NaPO_3$ mit PbO. Unter den Kristallformen sind rektanguläre, anscheinend quadratische Prismen mit lebhaften Interferenzfarben und gerader Auslöschung.

142. Zink. a) $KNaB_4O_7$ mit PbO. Hexagonale Tafeln mit Pyramide sowie Skelette, die hellgrün und durchsichtig sind und mannigfaltige Verzierungen aufweisen. Die Formen sind hemimorph.

b) $NaPO_3$ mit PbO; keine Kristallbildung.

143. Zinn. a) $KNaB_4O_7$ mit PbO. Nach anhaltend heißem Blasen treten schon bei einmaliger Abkühlung quadratische Prismen mit Endflächen oder seltener mit Pyramidenflächen auf, wobei Durchkreuzungs- und Kontaktzwillinge häufig sind.

b) $NaPO_3$ mit PbO. Unter gleichen Bedingungen wie bei (a) erhält man farblose Rhomboeder. Schneller erhält man in der einfachen Phosphorsalzperle Kristalle und zwar quadratische Anatas ähnliche Pyramiden $SnNa_2(PO_4)_2$ und Rhomboeder $Sn_2Na(PO_4)_3$ [Wunder[1])].

144. Zirconium. a) $KNaB_4O_7$ mit PbO. Nach anhaltendem heißem Blasen beginnt die Kristallisation oft mit der Ausscheidung spindelförmiger Nadeln, die entweder glatt sind oder durch angewachsene Kriställchen rauh erscheinen. Diese Nadeln vereinigen sich häufig zu Kreuzen oder Büscheln. Statt der Nadeln erscheinen auch breitere Kristalle, Prismen, die lebhafte Interferenzfarben und gerade Auslöschung zeigen.

b) $NaPO_3$ mit PbO. Ausgeschieden werden farblose, reguläre Würfel.

---

[1]) **Wunder**, Journ. f. prakt. Chemie. N. F. **4**, 339 (1871).

Mikrochemische Reaktionen.

145. Die im vorhergehenden beschriebenen Beobachtungen von Kristallgebilden in Lötrohrperlen dürften nach weiterem Ausbau dieser Untersuchungsmethode eine wertvolle Bereicherung der Lötrohranalyse bilden. Die Reaktionen gehen schnell von statten, bedürfen nur geringer Mengen der zu untersuchenden Substanz und erfordern außer dem Mikroskope nur Gerätschaften und Hilfsmittel, die ohnedies zu Versuchen mit dem Lötrohr gebraucht werden. Es darf indessen nicht übersehen werden, daß die lediglich auf Form und optisches Verhalten der Kristalle gerichtete mikroskopische Beobachtung nicht als unbedingt zuverlässig angesehen werden kann. In dieser Hinsicht steht die Methode der mikrochemischen Analyse nach, die durch B e h r e n s, S t r e n g, H a u s h o f e r, K l é m e n t und R é n a r d und andere auf eine hohe Stufe der Entwickelung geführt ist und eine weit umfassendere Anwendung gestattet. Zu den morphologischen Kennzeichen gesellt sich bei ihnen das chemische Verhalten. Die zu untersuchende Substanz wird gelöst, die Lösung zum Verdunsten gebracht oder durch Reagentien in schwer lösliche, gut kristallisierende Verbindungen übergeführt, wobei auf die Bildung möglichst großer Kristalle hingewirkt werden kann.

Es kann nicht Aufgabe dieses Buches sein, eine Anleitung zur mikrochemischen Analyse auf nassem Wege zu geben. Da mit ihrer Hilfe aber einige, durch das Lötrohr nicht ausreichend charakterisierte Elemente leicht und schnell erkannt werden können, so sollen deren Reaktionen hier angegeben und das Verfahren kurz geschildert werden. Im übrigen muß auf die einschlägige Literatur verwiesen werden [1].

146. Die A n s t e l l u n g d e r V e r s u c h e geschieht auf Objektträgern von 76×22 mm Größe, die Reagensglas und Abdampfschale ersetzen und vorsichtiges Erhitzen der Flamme

---

[1] H. B e h r e n s, Anleitung zur mikrochemischen Analyse. Hamburg und Leipzig 1899. F u c h s und B r a u n s, Anleitung zum Bestimmen der Mineralien. Gießen 1907. K. H a u s h o f e r, Mikroskopische Reaktionen. München 1885. C. K l é m e n t et A. R é n a r d, Reactions microchimiques à cristaux. Bruxelles 1886. — Die Abbildungen 21—26 sind aus dem Werke von F u c h s und B r a u n s entnommen und sind zum größten Teile von K l é m e n t und R é n a r d gezeichnet.

bis 300⁰ C vertragen. Da trotz aller Vorsicht ab und zu ein Objektträger springt, sorge man stets für Vorrat. Für Reaktionen, bei denen Fluorwasserstoff, Kieselfluorwasserstoffsäure oder Fluorammonium zur Anwendung gelangen, müssen die Objektträger mit Kanadabalsam überzogen werden, den man in einer flachen Abdampfschale erhitzt, bis er sich nach dem Erkalten pulverisieren läßt und den man dann in Benzol löst. Bei solchen Versuchen wird die Unterlinse des Objektivs durch ein rundes Deckglas geschützt, das durch einen Tropfen Wasser oder Glyzerin zur Adhäsion gebracht wird.

Zum Abdampfen von Fluorwasserstoff, zu Sublimationen, zum Glühen und Aufschließen dient ein kleiner Platinlöffel, ein Stück Platinblech oder die Platindrahtschlinge.

Um Flüssigkeiten aufzusaugen und zu übertragen, benutzt man kleine Pipetten oder Kapillarröhrchen, die man durch Ausziehen dünner Röhren herstellt und nach dem Gebrauche fortwirft; ein gerader, in eine Glasröhre eingeschmolzener Platindraht dient zum Umrühren, ein U-förmiger zum Verteilen kleiner Tröpfchen.

Zum Erhitzen bedient man sich einer Bunsenflamme, die bei abgeschlossener Luftzufuhr nicht über 10 mm hoch ist, oder der Flamme eines Nachtlichts.

Die Reagentien müssen wegen der großen Empfindlichkeit der mikrochemischen Reaktionen peinlich sauber gehalten werden; sie kommen in fester Form oder als gesättigte Lösungen zur Anwendung. Für die nachstehend angegebenen Reaktionen kommen in Betracht: destilliertes Wasser, das oft durch frisches ersetzt werden muß; Salz-, Salpeter- und Schwefelsäure, Fluorwasserstoffsäure, die man in der Regel durch das bequemer zu handhabende, in Salz- oder Schwefelsäure gelöste Fluorammonium ersetzt; Essigsäure; Ammoniak, das man getrennt aufbewahrt.

Als spezielle Reagentien gelangen zur Anwendung: Caesiumsulfat für Aluminium; Platinichlorid in schwach angesäuerter Lösung (Platinichlorwasserstoffsäure) 1 : 10 für Kalium und Ammonium; Uranylacetat als feines Pulver für Natrium; Natriumphosphat, getrocknet und gepulvert für Magnesium.

Das Auflösen der Substanz richtet sich nach ihrer Beschaffenheit. Metalle werden sofort mit Salpetersäure oder, wenn

diese unwirksam bleibt, mit Königswasser behandelt. Körper
ohne Metallglanz werden zunächst mit Wasser erwärmt, und wenn
eine Abdampfungsprobe anzeigt, daß Stoffe gelöst sind, so wiederholt man diese Behandlung einige Male und verteilt die Lösung
tropfenweise auf Objektträger. Den Rückstand sucht man in
Salpetersäure oder Salzsäure oder in einem Gemisch beider (1 : 3)
zu lösen. Erfolgt keine klare Lösung, so erhitzt man mit konzentrierter Schwefelsäure und versucht nach Verdampfung des
größten Teiles der Flüssigkeit den Rückstand im Wasser zu
lösen. Bleibt auch dieses erfolglos, so versucht man die Aufschließung nacheinander durch Schmelzen mit saurem Kaliumsulfat, mit der vierfachen Menge Natriumcarbonat oder mit
Fluorammonium zu bewirken. Das Kochen mit Säuren geschieht
im Platinlöffel.

Man kann die Lösung sogleich mit Reagentien behandeln oder
sie erst zur Trockne verdampfen, um den Säureüberschuß zu
beseitigen, und dann mit Wasser aufnehmen und auf die Objektträger übertragen. Die Konzentration der Lösung läßt sich durch
Eindampfen oder Wasserzusatz regulieren.

Die Kristallbildung erfolgt in der Regel am besten,
wenn die Lösung bei gewöhnlicher Temperatur verdunstet, sie
kann durch vorsichtiges Erwärmen bis zum Trocknen des Tropfen-
randes beschleunigt werden. Die Probetropfen werden nie mit
einem Deckglas bedeckt.

Es wird dringend empfohlen, die im folgenden beschriebenen
Reaktionen mit reinem Material durchzuprobieren, weil man nur
dadurch eine klare Vorstellung von ihrem
Verlauf gewinnt. Hinsichtlich der Kri-
stallbestimmung siehe § 120.

147. Aluminium. Setzt man
Caesiumsulfat zu der neutralen oder
schwach sauren Lösung einer Aluminium-
verbindung, so entstehen schöne, farblose Oktaeder von Caesiumalaun, neben
denen bei starker Übersättigung sternförmige Gebilde vorkommen (Fig. 23).
Geringe Beimengungen von Baryum
und Calcium stören die Reaktion nicht;

Fig. 23.

größere Mengen davon müssen aber durch eine hinreichende
Menge von Schwefelsäure unschädlich gemacht werden.

148. Ammonium. Platinchlorid bildet reguläre, gelbe Oktaeder von Ammoniumplatinchlorid, die mit den Kristallen des Kaliumsalzes genau übereinstimmen (Fig. 24). Um Ammonium neben Kalium in einer Lösung aufzufinden, setzt man zum Probetropfen Natronlauge. Das hierdurch ausgetriebene Ammoniak erzeugt in einem daneben gesetzten Tropfen von Platinchlorid die genannten Kristalle, am besten, wenn man beide Tropfen mit einem Uhrglase überdeckt.

149. Calcium. Schwefelsäure bringt in Calciumlösungen, die nicht zuviel freie Säuren enthalten, zuerst am Rande des Tropfens die feinen, häufig büschelförmig verwachsenen Kristallnadeln des Gipses hervor; später entstehen ausgebildete, mono-

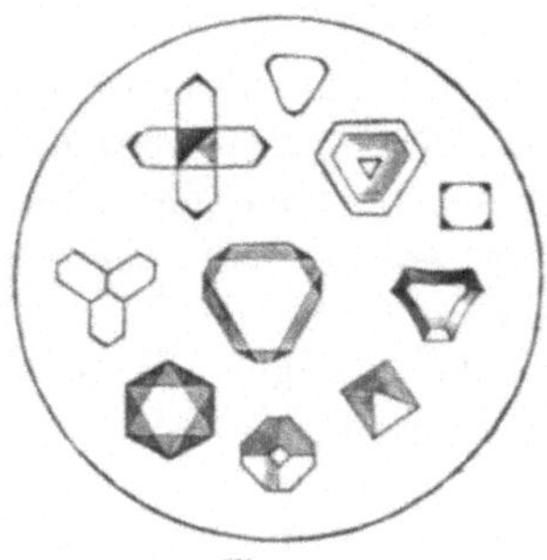

Fig. 24.

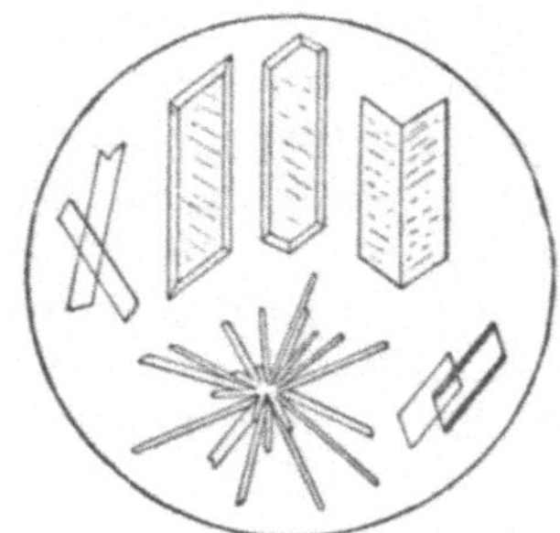

Fig. 25.

kline Prismen, die stark lichtbrechend sind und schiefe Auslöschung zeigen. Schwalbenschwanzartige Zwillinge sind charakteristische Erscheinungen (Fig. 25). Falls Baryum und Strontium zugegen sind, so entsteht sofort ein weißer Niederschlag, der sich in Salzsäure nicht löst, nur undeutliche, sehr kleine Kristallformen zeigt und die Erkennung der Gipskristalle in der Regel nicht behindert.

150. Kalium. Bringt man von einer Platinichloridlösung (1:10), die beim Verdunsten oktaedrische Kristalle nicht hinterläßt, ein Tröpfchen in die Mitte des neutralen oder schwach sauren Probetropfens, so entstehen beim Verdunsten zitrongelbe Oktaeder, die stark lichtbrechend und glänzend, zuweilen auch zu Würfeln oder kleeblattartigen Formen aneinander gelagert sind (Fig. 26). Diese Reaktion ist sehr charakteristisch, wenn Ammoniumverbindungen nicht zugegen sind (siehe § 148).

151. Magnesium. Als Reagens dient Natriumphosphat oder das in der Lötrohranalyse gebräuchliche Phosphorsalz. Man setzt neben den Probetropfen einen Tropfen von Salmiaklösung, von Ammoniak und Reagens, erwärmt den Objektträger auf dem Wasserbade und verrührt die Tropfen in der Wärme. Es entstehen zunächst X-förmige Wachstumsformen, später gut ausgebildete

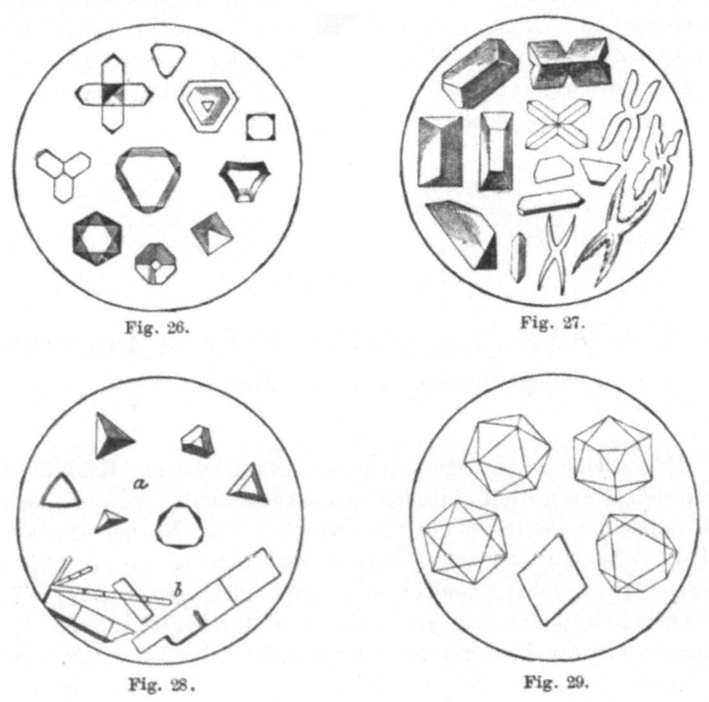

Fig. 26.　　　　　　　　　　Fig. 27.

Fig. 28.　　　　　　　　　　Fig. 29.

rhombische Kristalle, meist in hemimorphen, sargähnlichen Formen (Fig. 27).

152. Natrium. Man verdampft den Probetropfen zur Trockne, setzt daneben einen Tropfen Essigsäure, worin man einige Körnchen Uranylacetat in der Wärme löst. Man leitet dann mit einem Platindraht das Reagens auf die Probe, erwärmt kurze Zeit und läßt verdunsten. Es entstehen zuerst am Rande des eingedampften Probetropfens reguläre Tetraeder, die hellgelb gefärbt und isotrop sind (Fig. 28a). Uranylacetat allein kristallisiert in den in Fig. 28b abgebildeten Formen.

Die Reaktion ist sehr empfindlich, wenn Platinchlorid oder Elemente der isomorphen Magnesiumgruppe Mg, Zn, Cd, Fe, Ni, Co, Mn und Cu nicht vorhanden sind. Ist dieses der Fall, so entstehen wasserhaltige Tripelacetate, deren Kristalle (Fig. 29) blaßgelb, fast farblos und größer als die oft daneben befindlichen Tetraeder des Natriumuranylacetats sind. Die Kristalle haben rhomboedrischen Typus, der allerdings nicht auf den ersten Blick erkennbar ist. Diese Kriställchen entstehen wenn nur geringe Spuren von Natrium vorhanden sind; man kann daher auch Magnesiumuranylacetat oder Uranylacetat und Magnesiumacetat als Reagentien für Natrium benutzen.

Drittes Kapitel.

Spezielle Nachweisung gewisser Stoffe in zusammengesetzten Verbindungen.

153. Die im vorigen Kapitel beschriebenen Reaktionen haben den Zweck, die in einfach zusammengesetzten Verbindungen vorkommenden Stoffe zu charakterisieren. Für Körper von verwickelter Zusammensetzung, mit denen man es in der Praxis meistens zu tun hat, reichen sie jedoch nicht immer aus, weil das Verhalten der einzelnen Substanzen durch gleichzeitige Reaktionen anderer Bestandteile oft verdeckt oder verändert wird. An einem Beispiele läßt sich erkennen, in welchem Maße dies zuweilen der Fall ist. Das Mineral Bournonit, das hauptsächlich aus Blei besteht und daneben in geringerer Menge Antimon, Kupfer und Schwefel enthält, müßte, wenn es sich wie eine einfache Bleiverbindung verhielte, einen in der Hitze zitrongelben, nach dem Erkalten schwefelgelben Beschlag und ein graues, geschmeidiges Metallkorn geben. Bournonit hingegen bringt zunächst einen weißen Anflug von Antimonoxyd und gleich darauf einen dunkelgelben Beschlag hervor, wie er sonst für Wismut charakteristisch ist. Das Metallkorn ist schwarz und spröde; es löst sich in Borax mit grüner, nach dem Erkalten blauer Farbe, eine Reaktion, die Kupfer andeutet und erwarten läßt, daß die Perle in der Reduktionsflamme braun wird. Aber auch dieses ist nicht immer der Fall; denn wenn beim Erhitzen auf Kohle nicht alles Antimon verflüchtigt ist, färbt sich die Perle grau.

In solchen Fällen gelingt es zwar häufig durch aufmerksame Beobachtung aller Erscheinungen sowie durch sorgfältige Vergleichung der aus verschiedenen Versuchen gewonnenen Resultate, viele, wenn nicht alle Bestandteile einer Substanz auf gewöhnlichem Wege zu ermitteln. Häufiger indessen muß die Untersuchung eine vom gewöhnlichen Gange abweichende Form annehmen, aber auch dieses genügt oft nicht, und es bleibt dann nichts übrig, als den nassen Weg zu Hilfe zu nehmen.

Wie in den Fällen, wo ein besonderes Verfahren zur Erkennung eines Körpers neben anderen erforderlich, die Untersuchung auszuführen ist, wird im vorliegenden Kapitel mitgeteilt. Es enthält außerdem die wichtigsten Reaktionen solcher Stoffe, die durch die gewöhnlichen Lötrohrproben nicht genügend charakterisiert werden. Zur Erleichterung des Nachschlagens sind die Elemente in alphabetischer Reihenfolge geordnet.

154. Ammoniak. Man mengt die Substanz mit etwas Soda oder Kaliumhydroxyd und erhitzt das Gemisch in einer einseitig geschlossenen Röhre. Das Ammoniak gibt sich durch den Geruch und durch die Nebel zu erkennen, die das entweichende Gas in der Nähe eines mit Salzsäure benetzten Glasstabes bildet.

Es darf aber nicht übersehen werden, daß organische stickstoffhaltige Substanzen bei dieser Behandlung ebenfalls Ammoniak als Zersetzungsprodukt entwickeln.

Auf mikrochemischem Wege lassen sich nach § 148 die geringsten Mengen Ammoniak erkennen.

Antimon. Das Verhalten der Antimonverbindungen siehe §§ 11, 16, 25, 72, 77, 87, 123 und Nr. 16 der Tabelle am Schlusse des Buches.

155. Um Antimon neben Blei und Wismut zu entdecken, schmilzt man die Probe [Nr. 45 oder 81] auf Kohle in der Oxydationsflamme mit verglaster Borsäure in der Weise, daß die Flamme das zur Seite des Metallkorns liegende Glas umgibt. Blei- und Wismutoxyd werden von der Borsäure aufgenommen, während das Antimonoxyd die Kohle beschlägt. Die Temperatur darf keine zu hohe sein. Hat man die Kohle neben der Probe mit Kobaltlösung befeuchtet, so nimmt der Beschlag an dieser

Stelle eine schmutziggrüne Farbe an, namentlich wenn man ihn nochmals erhitzt.

156. Antimon, das an Kupfer gebunden ist, läßt sich so schwer davon trennen, daß ein Antimonbeschlag kaum zum Vorschein kommt. Man schmilzt eine derartige Substanz [Nr. 82] auf Kohle mit Phosphorsalz so lange in der Oxydationsflamme, bis ein Teil des Antimons ins Glas übergegangen ist, trennt dieses vom Metallkorn und erhitzt es auf einem anderen Stück Kohle mit Zinn in der Reduktionsflamme. Bei Gegenwart von Antimon wird das Glas grau oder schwarz (Nr. 16 der Tab.). Ist indes gleichzeitig Wismut vorhanden, das sich ebenso verhält wie Antimon, so muß der nasse Weg zu Hilfe genommen werden. Die Rotfärbung durch Kupfer tritt erst nach längerer Einwirkung der Reduktionsflamme ein.

157. Antimon-, Zinn- und Kupferoxyd. Man behandelt die Substanz mit einem Gemisch von Soda und Borax im Reduktionsfeuer, trennt die Metallkügelchen vom Glase und schmilzt sie mit dem drei- bis vierfachen Volumen Probierblei und etwas verglaster Borsäure reduzierend zusammen. Das Kupfer bleibt regulinisch zurück, das Zinn geht in die Schlacke, und das Antimon beschlägt die Kohle.

158. Schwefelantimon und Schwefelblei. Während die Antimonsulfide die in § 16 angegebenen Reaktionen zeigen, bildet sich bei Gegenwart von Schwefelblei nur ein geringes Sublimat von Antimonoxyd. Der Rückstand bildet ein weißes Pulver, das aus einer Mischung von Antimontetraoxyd (antimonsaurem Antimonoxyd) schwefelsaurem und antimonsaurem Blei besteht. Zur Erkennung von Antimon verfährt man nach § 166.

Schwefelantimon und Schwefelblei oder Schwefelwismut geben in der Reduktionsflamme auf Kohle nahe bei der Probe einen gelben Beschlag von Blei- oder Wismutoxyd und weiter ab einen weißen von Antimonoxyd, vermischt mit schwefelsaurem Blei oder Wismut. Antimon wird nach § 166 ermittelt.

159. Um eine geringe Menge Schwefelantimon in Schwefelarsen nachzuweisen, empfiehlt Plattner folgende Methode. Die Probe [Nr. 23] wird in einer einseitig geschlossenen Röhre schwach erhitzt, wobei das Schwefelarsen sich verflüchtigt und der größere Teil des Schwefelantimons als schwarzes Pulver im unteren Ende der Röhre zurückbleibt. Dieses Ende wird abgebrochen und die darin befindliche Substanz in eine an beiden Enden offene Röhre gebracht. Erhitzen bringt dann die charakteristische Antimonreaktion hervor.

Arsen. Das Verhalten der Arsenverbindungen siehe §§ 11, 15, 33, 72, 77, 88 und Nr. 17 der Tabelle am Schlusse des Buches.

160. Alle Arsenmetalle geben in der offenen Glasröhre ein Sublimat von Arsentrioxyd (siehe § 15), und die meisten entwickeln auf Kohle im Reduktionsfeuer den charakteristischen Arsengeruch (§ 33) [Nr. 73]. Wenn beim Vorhandensein von Nickel oder Kobalt der Geruch nicht wahrzunehmen ist, kann er in den meisten Fällen durch Schmelzen mit Probierblei in der Oxydationsflamme hervorgerufen werden.

161. Die Arsensulfide entwickeln beim Erhitzen in der offenen Röhre Schwefeldioxyd und geben ein Sublimat von Arsentrioxyd. Um Arsen in irgend einer Verbindung mit Schwefel bestimmt nachzuweisen, mengt man die gepulverte Probe [Nr. 76] mit dem sechsfachen Volumen einer Mischung von gleichen Teilen Cyankalium und Soda, bringt das Ganze in eine Glasröhre, deren eines Ende zu einer Kugel aufgeblasen ist, und erwärmt anfangs gelinde, allmählich aber bis zur Rotglut. Am kälteren Teil der Röhre entsteht dann ein Arsenspiegel. Zum guten Gelingen dieses charakteristischen Versuches ist es nötig, daß Substanz und Reagentien vollkommen trocken sind. Entweicht im Anfang dennoch Feuchtigkeit, so muß sie mit Hilfe eines zusammengerollten Streifchens Fließpapier entfernt werden. Der Arsenring kann in gelbes Jodid verwandelt werden, wenn man ein Blättchen Jod in der Röhre verdampft.

162. Wenn Schwefelarsenmetalle auf Kohle geglüht werden, kann es vorkommen, daß sämtliches Arsen, besonders wenn es in geringer Menge vorhanden ist, mit Schwefel verbunden fortgeht. Um dies zu verhüten, mischt man solche Verbindungen [Nr. 23] mit drei bis vier Teilen neutralem Kaliumoxalat oder Cyankalium und erhitzt sie in der Reduktionsflamme. Es bildet sich Schwefelkalium, und das Arsen entweicht, wenn nicht an Kobalt oder Nickel gebunden, mit dem bekannten Geruch.

163. Eine sehr kleine Menge Arsentrioxyd läßt sich nach Berzelius folgendermaßen mit Leichtigkeit nachweisen.

Man bringt in eine ausgezogene Glasröhre (Fig. 30) ein Körnchen der Substanz [Nr. 41], schiebt ein Splitterchen von frisch ausgeglühter Holzkohle bis nahe auf den Boden und er-

7*

hitzt erst die Kohle, darauf die Substanz zum Glühen. Arsentrioxyd wird, sobald die Dämpfe bei der glühenden Kohle vorüberkommen, zu Metall reduziert, das sich als Spiegel absetzt. Bricht man die Röhre zwischen *a* und *b* ab und erhitzt, so kann man sich auch durch den Geruch von der Anwesenheit des Arsens überzeugen.

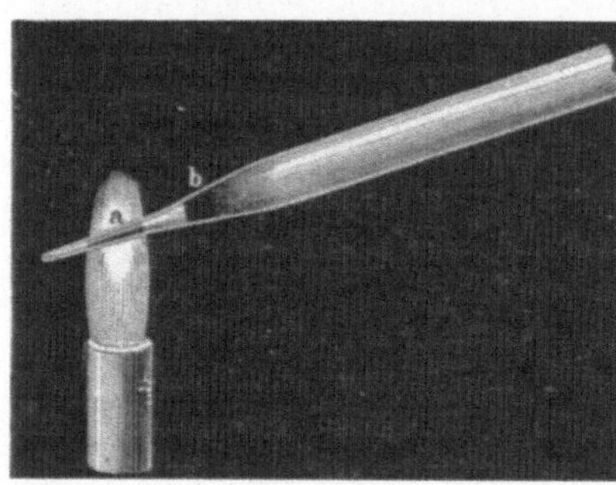

Fig. 30.

Der Geruch tritt noch stärker hervor, wenn man den Spiegel in der jetzt offenen Röhre erhitzt; 0,01 mg As_2O_3 bringen ihn schon deutlich hervor.

Um Arsen in arsensauren oder arsenigsauren Salzen nachzuweisen, genügt in den meisten Fällen die Behandlung mit Soda oder einem Gemenge von Soda und Cyankalium (vgl. § 161). Wenn jedoch sehr kleine Mengen dieser Säuren an leicht reduzierbare Metalle gebunden sind, so muß der nasse Weg eingeschlagen werden.

164. Baryum. Das Verhalten der Baryumverbindungen s. §§ 41, 51, 63, 71, 124 und Nr. 5 der Tabelle am Schlusse des Buches.

Baryumsulfat ist nur in einer ganz heißen Flamme etwas flüchtig. Um die Flammenfärbung oder das Spektrum beobachten zu können, verwandelt man die Probe am Platindraht im Reduktionsraum in Sulfid und befeuchtet dieses mit Salzsäure.

Silikate, welche Baryum enthalten, schließt man mit Soda auf.

Blei. Das Verhalten der Bleiverbindungen s. §§ 12, 27, 72, 77, 92, 121 und Nr. 18 der Tabelle am Schlusse des Buches.

165. Eine Legierung von Blei und Zink [Nr. 47] beschlägt die Kohle mit Blei- und Zinkoxyd, wovon das Bleioxyd durch die Farbe des Beschlages und durch den fahlblauen Schein erkannt wird, welcher der Reduktionsflamme mitgeteilt wird (§ 27). Zink weist man durch Kobaltlösung nach, womit man die Kohle in der Nähe der Probe befeuchtet. Die entstehende grüne Färbung ist von dem Bleibeschlage leicht zu unterscheiden.

Eine Legierung von Blei und Wismut [Nr. 46] gibt einen etwas dunkleren Beschlag als reines Blei und bei der Reduktion ein sprödes Korn. Wismut wird nach § 223 nachgewiesen, Blei durch den fahlblauen Schein der Reduktionsflamme. Schmilzt man das Korn mit saurem Kaliumsulfat, löst die Schmelze in Wasser, so liefert der Rückstand bei der Reduktion mit Soda auf Kohle den reinen Bleioxydbeschlag und metallisches Blei (Kolbeck).

166. Um Blei in Sulfiden aufzufinden, wird die Substanz auf Kohle reduzierend behandelt, wobei das Blei am Beschlag erkannt wird. Hierbei kann eine Beimischung von Antimon nicht bemerkt werden, da der Anflug von schwefelsaurem Blei, der den Oxydbeschlag umgibt, leicht mit dem Beschlag von Antimonoxyd verwechselt werden kann.

Um in solchem Falle Antimon gleichzeitig nachzuweisen, genügt es, die gepulverte Probe [Nr. 81] mit Soda zu versetzen und kurze Zeit in der Reduktionsflamme zu erhitzen. Bei Abwesenheit von Antimon ist der Beschlag rein gelb mit bläulichweißem Rand; im anderen Falle ist er von einem weißen, aus Antimonoxyd bestehendem Anflug umgeben; auch besitzt dann der Bleioxydbeschlag eine dunkel orangegelbe Farbe infolge von gebildetem antimonsaurem Blei.

167. Ist Schwefelblei einer größeren Menge Schwefelkupfer [Nr. 24] beigemengt, so läßt das durch Reduktion erhaltene Metallkorn die Anwesenheit von Blei nicht erkennen; doch bringt eine starke Oxydationsflamme das Blei zum Verdampfen und Beschlagen.

Chlorblei schmilzt vor dem Lötrohr und liefert zwei Beschläge: einen weißen, flüchtigen (Chlorid) und einen weniger flüchtigen, gelben (Oxyd). Überdies färbt es die Reduktionsflamme fahlblau.

Bleiphosphat für sich schmilzt auf Kohle zu einem Korn, wobei ein sehr geringer oder auch gar kein Beschlag zum Vorschein kommt. Während der Abkühlung kristallisiert das Korn mit großen weißen Facetten von perlartigem Glanz.

168. Borsäure. Zur Erzeugung der gelbgrünen Färbung, die Borsäure der Lötrohrflamme erteilt, werden die Salze [Nr. 26] fein gepulvert, mit einem Tropfen konzentrierter Schwefelsäure befeuchtet und entweder am Platindraht in die Flamme gebracht oder mit Alkohol übergossen, der darauf angezündet wird.

Noch sicherer gelingt die Nachweisung der kleinsten in Salzen oder Mineralien enthaltenen Menge Borsäure durch Zusammenschmelzen der feingepulverten Substanz mit Turners Mischung von $4^{1}/_{2}$ Teilen saurem Kaliumsulfat und 1 Teile Flußspat. Dies Gemenge wird mit einem Tropfen Wasser oder Schwefelsäure befeuchtet, in das Öhr des Platindrahtes gestrichen und in die Flamme gehalten. Beim Schmelzen entweicht Fluorbor, das die Flamme rein grün färbt. In Schwefelsäure gelöstes Fluorammonium bewirkt die gleiche Reaktion. Da die Reaktion nur wenige Minuten andauert, ist eine aufmerksame Beobachtung geboten.

Eine andere sehr empfindliche Reaktion ist von Iles veröffentlicht: Man feuchtet die fein zerriebene Substanz auf Platinblech mit Schwefelsäure an, verdampft die überschüssige Säure durch gelindes Erwärmen und mengt den Rückstand mit Glyzerin zu einem Teig an, den man am Platindraht in die Flamme bringt; diese wird dadurch schön grün gefärbt.

Bei Anwesenheit von Kupfer läßt sich nur die Glyzerinreaktion verwenden, weil bei Benutzung der Turnerschen Mischung eine flüchtige Fluorkupferverbindung entsteht, die an sich schon die Flamme stark grün färbt. Enthält die Substanz so viel Kupfer, daß sie ohne Glyzerin eine grüne Flammenfärbung hervorruft, so fügt man zum Teig so viel Soda zu, daß die gelbe Natriumflamme vorherrscht. An deren Spitze ist dann die grüne Borfärbung deutlich wahrzunehmen (Hutchings).

169. Borsaure Verbindungen mit alkalischer oder alkalischerdiger Basis untersucht man auf folgende Art: Man löst die Probe in verdünnter Salzsäure, taucht ein Stück Curcumapapier bis zur Hälfte in die Lösung und trocknet das Papier auf einem Uhrglas bei 100^0 C. Die eingetauchte Hälfte wird, wenn Borsäure vorhanden ist, bräunlichrot gefärbt; hiermit darf die durch konzentrierte Salzsäure hervorgebrachte schwarzbraune Färbung nicht verwechselt werden.

Befeuchtet man das rotgefärbte Curcumapapier mit etwas Sodalösung, so geht die Farbe in blau- oder grünschwarz über.

Brom. Das Verhalten von Bromverbindungen zu saurem Kaliumsulfat siehe § 74. — Bromsilber entwickelt bei dieser Reaktion nur sehr wenig Bromdämpfe; es sammelt sich am Boden des Kölbchens als ein roter Tropfen, der nach dem Erkalten eine gelbe Masse bildet. Löst man das saure Salz in heißem Wasser und bringt das gereinigte und getrocknete Bromsilber an das Sonnenlicht, so färbt es sich dunkel spargelgrün. Chlorsilber färbt sich grau oder violett.

170. Setzt man eine Bromverbindung einer kupferoxydhaltigen Phosphorsalzperle zu und bringt sie an die blaue

Flammenspitze, so färbt sich die Flamme grünlichblau, besonders an den Kanten [Nr. 31]. Nach Verdampfen des Broms bleibt die grüne Flamme des Kupfers zurück. Chlor verhält sich ähnlich (§ 172).

Cadmium. Das Verhalten der Cadmiumverbindungen s. §§ 35, 72, 77, 93, 126 und Nr. 19 der Tabelle am Schlusse des Buches.

171. Cadmium- und Zinkoxyd. Man mengt die gepulverte Probe mit Soda und bringt sie auf Kohle in die Reduktionsflamme. Es bildet sich zuerst der braune Cadmiumoxydbeschlag, später der des weniger flüchtigen Zinks [Nr. 50]. Zur Nachweisung ganz geringer Mengen von Cadmium erhitzt man die Probe mit Aluminiumfeile in einem engen Glührohre. Cadmium wird, wie auch etwas Zink, in Freiheit gesetzt und bildet ein silberweißes Sublimat mit rotem Oxydrand. Erhitzen mit wenig Schwefelblumen verwandelt das Sublimat in Cadmiumsulfid, das heiß rot, kalt gelb ist. Substanz und Aluminium müssen vorher zum Austrocknen schwach erhitzt werden (Biewend).

Chlor. Das Verhalten der Chlorverbindungen s. §§ 74 und 75.

172. Man löst mit Hilfe der Oxydationsflamme so viel Kupferoxyd in einer am Platindraht befindlichen Phosphorsalzperle, bis das Glas fast undurchsichtig wird, bringt dann einige Körnchen der gepulverten Probe [Nr. 33.] an die Perle und richtet auf diese die Spitze der blauen Flamme. Bei Anwesenheit von Chlor färbt sich die Flamme intensiv blau infolge von gebildetem Chlorkupfer (§ 41). Mit dieser Reaktion lassen sich selbst kleine Mengen Chlor nachweisen. Brom verhält sich ähnlich.

173. Mischt man ein Chlormetall mit trockenem Kaliumdichromat im Glaskölbchen, setzt konzentrierte Schwefelsäure hinzu und erhitzt gelinde, so bildet sich Chromylchlorid [CrO_2Cl_2], ein dunkelbraunrotes Gas, das sich zu gleichgefärbten Tropfen verdichtet. Ammoniak färbt diese Tropfen gelb. Erhitzt man im Glührohr die zu untersuchende Substanz mit einem kleinen Stückchen Natrium oder Magnesium, wirft nach erfolgter Glüherscheinung die noch heiße Röhre in ein Glas mit Wasser, wobei sie springt, so löst sich die gebildete Chlorverbindung, die nach Abfiltrieren und Ansäuern mit Salpetersäure auf Zusatz von Silbernitrat den weißen, käsigen Niederschlag von Chlorsilber hervorbringt.

Chrom. Das Verhalten der Chromverbindungen s. §§ 40, 69, 72, 73, 76, 111, 128 und Nr. 21 der Tabelle am Schlusse des Buches.

174. Das Verhalten zu den Glasflüssen ist im allgemeinen sehr charakteristisch, doch werden die Farben bei Anwesenheit größerer Mengen Eisen, Kupfer oder sonstiger stark färbender Substanzen oft undeutlich.

In solchem Falle kann Chrom, wenn nicht mit Kieselsäure verbunden, folgendermaßen erkannt werden:

Die fein gepulverte Probe [Nr. 67] wird mit der vierfachen Menge eines Gemisches von gleichen Teilen Soda und Salpeter gemengt und im Platinlöffel oder in der Platinspirale einer kräftigen Oxydationsflamme ausgesetzt. Es bildet sich ein alkalisches Chromsäuresalz, das in Wasser gelöst und mit überschüssiger Essigsäure gekocht wird. Ein in diese Lösung gebrachter Kristall von Bleiacetat bewirkt einen gelben Niederschlag von Bleichromat, der auf einem Filter gesammelt und mit Borax und Phosphorsalz weiter untersucht werden kann. Silbernitrat bringt an Stelle des Bleiacetats eine dunkelpurpurrote Fällung hervor.

Kommen Chrom und Mangan zusammen vor, so verfährt man nach § 201.

175. S i l i k a t e, die wenig Chrom neben Eisen oder anderen stark färbenden Metalloxyden enthalten, werden auf Kohle mit 1 Teil Soda und $^{1}/_{2}$ Teil Borax im Oxydationsfeuer zu einem klaren Glase geschmolzen, das pulverisiert und im Porzellanschälchen nach Zusatz von Salzsäure eingedampft wird. Man löst dann die gebildete Chlorverbindung in Wasser, trennt sie durch Filtration von der Kieselsäure, verwandelt das mit in Lösung gegangene Eisenchlorür durch Kochen mit einigen Tropfen Salpetersäure in Chlorid und fällt die Basen Chromoxyd usw. mit Ammoniak aus. Der Niederschlag wird auf einem Filter gesammelt, gewaschen und, wie oben angegeben, mit Soda und Salpeter weiter geprüft.

176. Cyan. Man schmilzt die gut getrocknete Substanz mit entwässertem Natriumthiosulfat am Platindraht flüchtig zusammen und taucht die Schmelze in einen Tropfen einer verdünnten, mit Salzsäure schwach angesäuerten Eisenchloridlösung, die durch das gebildete lösliche Eisenrhodanid [$Fe(CNS)_3$] blutrot gefärbt wird. — Das Zusammenschmelzen der Substanz mit dem Reagens muß vorsichtig geschehen und sofort unterbrochen werden, wenn der Schwefel zu brennen anfängt, damit das entstandene Schwefelcyannatrium nicht zerstört wird (F r o e h d e).

Eisen. Das Verhalten der Eisenverbindungen siehe §§ 24, 40, 72, 77, 96, 130 und Nr. 23 der Tabelle am Schlusse des Buches.

177. Um zu erfahren, ob eine Substanz Eisenoxydul oder Eisenoxyd enthält, löst man sie in einer kupferhaltigen Boraxperle. Bei Eisenoxyd ist die Farbe der Perle blaugrün, bei Eisenoxydul findet eine Ausscheidung roter Flecken von Kupferoxydul statt (Chapman).

Um Eisen neben leicht schmelzbaren Metallen, wie Blei, Wismut, Antimon, Zinn oder Zink, nachzuweisen, versetzt man die Substanz mit Borax und erhitzt das Gemisch auf Kohle reduzierend. Die leicht reduzierbaren Metalle werden nicht oxydiert und daher vom Glase nicht aufgenommen. Man trennt die Perle vom Metallkorn und bringt sie auf einem anderen Stück Kohle ins Reduktionsfeuer, um die charakteristische flaschengrüne (mit Zinn vitriolgrüne) Farbe zu erhalten.

178. Ist Kobalt zugegen, so ist die Perle nicht grün, sondern blau gefärbt. In solchem Falle prüft man auf Eisen in der Weise, daß man das blaue Glas auf Platindraht so lange mit der Oxydationsflamme behandelt, bis angenommen werden kann, daß alles Eisen in Oxyd verwandelt ist. Die Perle wird bei sehr geringem Eisengehalte heiß grün, kalt blau erscheinen; bei größerem Gehalt heiß dunkelgrün, kalt heller grün, letzteres aus einer Mischung der gelben Eisen- und blauen Kobaltfarbe hervorgehend.

Die auf der Kohle nach der Behandlung mit Borax zurückbleibenden Metalle (oft nur Nickel und Kupfer) werden nach § 195 weiter untersucht.

179. Eine Beimischung von Mangan [Nr. 65] färbt die Boraxperle in der Oxydationsflamme rot bis blutrot. Durch Reduktion mit Zinn auf Kohle wird diese Perle vitriolgrün. Ist außer Mangan auch Kobalt vorhanden, so erhält man mit der äußeren Flamme eine dunkelviolette Boraxperle, die durch Einwirkung der Reduktionsflamme heiß grün, kalt blau wird.

180. Um eine nickelhaltige Probe auf Eisen zu prüfen, löst man sie in Borax (Oxydationsflamme) und bringt das Glas auf Kohle ins Reduktionsfeuer. Metallisches Nickel scheidet sich aus, und das in Lösung bleibende Eisen färbt die Perle grün.

181. Eine Substanz, die Kupfer und Eisen enthält, gibt in der äußeren Flamme vor und nach dem Erkalten eine grüne Boraxperle, die, auf Kohle reduzierend erhitzt, metallisches Kupfer ausscheidet und grün (vom Eisen) wird. Ist der Kupfergehalt sehr gering, so schmilzt man die Probe mit Borax, Soda und Probierblei zusammen, versetzt das gebildete Metallkorn mit

Borsäure, glüht in der Oxydationsflamme und untersucht mit Hilfe von Phosphorsalz und Zinn auf Kupfer.

182. Ist Eisen neben Chrom vorhanden, so erlaubt die Farbe der Flußmittel keinen Schluß auf die Anwesenheit von Eisen. Man prüft dann durch Zusammenschmelzen der Probe mit Soda auf Kohle (Reduktionsflamme), Ausschlämmen des Eisens aus der Schlacke und deren Untersuchung mit Salpeter zur Nachweisung von Chrom.

183. Eisen- und Uranoxyd sind auf trockenem Wege nicht voneinander zu unterscheiden. Um sie zu trennen, schmilzt man die Substanz mit saurem Kaliumsulfat, zieht mit Wasser aus, versetzt die Lösung mit Ammoniumcarbonat im Überschuß, um in Eisenhydroxyd übergehendes Ferrocarbonat niederzuschlagen, filtriert und bringt das Filtrat zum Kochen, wodurch gelbes Uranoxyd gefällt wird. Beide Produkte sind mit Flußmitteln weiter zu prüfen.

184. Kommen Eisen, Nickel, Kobalt, Mangan und Kupfer zusammen vor, so schmilzt man die Substanz mit metallischem Arsen oder Kaliumarsenat zusammen und behandelt die Masse mit Borax im Oxydationsfeuer derart, daß nach und nach immer von neuem Borax zugefügt wird. Man erhält dann

zuerst eine gelbgrüne Färbung von Eisen,
darauf „ blaue „ „ Kobalt,
„ „ braune „ „ Nickel,
„ „ grüne „ „ Kupfer.

Durch die Reduktionsflamme läßt sich Nickel und Kupfer aus dem Boraxglase abscheiden, während Eisen, Kobalt und Mangan gelöst bleiben und auf die in § 179 angegebenen Reaktionen weiter untersucht werden können.

185. Fluor. Werden Fluorverbindungen mit der vierfachen Menge sauren Kaliumsulfats im Glührohr erhitzt, und zwar von oben nach unten, um ein Aufstoßen zu vermeiden, oder nahezu horizontal, so bildet sich die stechend riechende Fluorwasserstoffsäure, welche feuchtes, frisches (!) Fernambukpapier strohgelb färbt und das Glas stark ätzt. Man bemerkt dieses am besten nach sorgfältigem Reinigen und Trocknen der Röhre. Bei Mineralien, in denen Fluorwasserstoffsäure mit schwächeren Basen und zugleich mit Wasser verbunden ist, genügt einfaches Erhitzen im Glaskölbchen, um die angeführten Erscheinungen hervorzurufen.

186. Um Fluor, selbst in geringeren Mengen, in Mineralien usw. zu entdecken, bedient man sich des folgenden Verfahrens: Man schiebt ein zusammengebogenes Platinblech in das eine Ende einer offenen Glasröhre, legt die Probe, gemengt mit geglühtem Phosphorsalz (beide Substanzen in fein gepulvertem Zustande) in die Platinrinne und richtet die Lötrohrflamme so auf das Gemisch, daß die Verbrennungsprodukte durch die Röhre gehen. War in der untersuchten Substanz Fluor enthalten, so ist Fluorwasserstoffgas gebildet worden, das an dem eigentümlich stechenden Geruch kenntlich ist, die Glasröhre ätzt und befeuchtetes Fernambukpapier gelb färbt [Nr. 29].

Gold. Das Verhalten der Goldverbindungen siehe §§ 24, 72, 104 und Nr. 25 der Tabelle am Schlusse des Buches.

187. Eine Legierung von Gold mit flüchtigen Metallen, wie Quecksilber, Antimon, Tellur, braucht nur auf Kohle mit der Oxydationsflamme erhitzt zu werden, um ein an seinen äußeren Eigenschaften kenntliches Goldkorn zu geben. Blei wird nach dem in § 213 beschriebenen Verfahren durch Abtreiben entfernt.

Ein Gehalt an unschmelzbaren Metallen, z. B. Platin, Iridium, gibt nach der Kuppellation ein weit weniger schmelzbares Metallkorn als reines Gold. Derartige Beimischungen können nur auf nassem Wege erkannt werden.

188. Neben K u p f e r, dessen Gegenwart durch Phosphorsalz leicht festzustellen ist, wird Gold in der Weise nachgewiesen, daß man die Legierung, z. B. eine Goldmünze, in geschmolzenem Probierblei löst und die Masse dann auf Knochenasche abtreibt. Hierdurch wird Kupfer beseitigt. Enthielt die Legierung auch S i l b e r, so behandelt man das zurückbleibende Metallkorn mit Phosphorsalz auf Kohle (Oxydationsflamme). Das Silber wird allmählich oxydiert und vom Glase aufgenommen; dieses bekommt dadurch beim Erkalten ein opalartiges Ansehen. Um die relativen Gewichtsmengen der beiden Metalle annähernd zu bestimmen, bringt man die Metallkugel in ein Salpetersäure enthaltendes Porzellanschälchen und erwärmt. Enthält die Legierung bis zu 25 Prozent Gold, so wird sie schwarz; das Silber löst sich nach und nach auf, und das Gold bleibt alz schwarze oder braune schwammige Masse zurück. Ist in der Legierung mehr als 25 Prozent Gold enthalten, so wird das Metallkügelchen zwar ebenfalls schwarz, Silber aber nicht aufgelöst. Bei ungefähr gleichen Mengen beider Metalle findet gar keine Veränderung statt. Überwiegt der Goldgehalt erheblich, so gibt sich dieses schon durch die gelbe Farbe der Legierung kund.

189. Jod. Das Verhalten des Jods zu saurem Kaliumsulfat (siehe § 74) ist sehr charakteristisch.

Einer kupferoxydhaltigen Phosphorsalzperle zugesetzt, färben Jodverbindungen die äußere Flamme rein grün [Nr. 32].

Die Jodverbindungen des Silbers und der Alkalien lassen sich in Gegenwart von anderen Halogenen an dem schönen roten Beschlag erkennen, den sie auf Kohle hervorbringen, wenn man sie mit Schwefelwismut, das durch Schmelzen von Wismut mit Schwefelblumen erhalten wird, in der Lötrohrflamme erhitzt (Goldschmidt).

190. Kalium. Durch das Spektroskop (§ 59) und die Flammenfärbung (§§ 48 und 56) wird Kalium am besten entdeckt. Bei Silikaten versagt zuweilen die Beobachtung durch das blaue Glas oder die Indigolösung; man muß in solchen Fällen die Probe mit kalium- und natriumfreiem Gips oder einem Gemisch von 2 Teilen Gips und 1 Teile Flußspat in der Flamme erhitzen.

Auf mikrochemischem Wege (§ 150) läßt sich Kalium mit größter Sicherheit nachweisen.

191. Kieselsäure. Die Reaktionen der Kieselsäure siehe §§ 40, 68, 71, 115 und Nr. 15 der Tabelle am Schlusse des Buches.

In der Phosphorsalzperle lassen die meisten Silikate, namentlich wenn man sie als Splitter einführt, das Kieselskelett erkennen, das als Rückstand in der Perle umherschwimmt, nachdem sich die Basen mit der freien Phosphorsäure verbunden haben. Die Kieselsäure ist jedoch bis zu einem nicht unerheblichen Grade in der Phosphorsalzperle löslich und erscheint zuweilen nur in der Form zarter, durchscheinender Flocken, die sich bei längerem, scharfem Blasen auch noch lösen. Man beobachte die Perle solange sie heiß ist, weil sie zuweilen unter der Abkühlung opalisiert oder trübe wird.

Wenn diese Reaktion auch in sehr vielen Fällen zur Auffindung der Kieselsäure gute Dienste leistet, so hat sie doch den Nachteil, daß manche Silikate sich in der Phosphorsalzperle klar auflösen und andererseits einige kieselsäurefreie Minerale als Splitter nur langsam aufgelöst werden.

Schmilzt man eine kieselsäurehaltige Substanz mit der doppelten Menge Soda in der Platinschlinge zusammen, benetzt die Masse auf einem Uhrglase oder einem Objektträger mit verdünnter Salzsäure, so scheidet sich gallertartige, wasserhaltige Kieselsäure ab, die sich mit Malachitgrün und auch mit Fuchsin färben läßt (Haushofer).

Wenn man ein Silikat mit pulverisiertem Flußspat und konzentrierter Schwefelsäure in einem bedeckten Platintiegel schwach erhitzt, so überzieht sich eine Platindrahtschlinge, an welcher ein Wassertropfen hängt, in dem sich entwickelnden Fluorsilicum mit weißer Kieselsäure, weil das Gas durch Wasser hydrolytisch gespalten wird.

Kobalt. Das Verhalten der Kobaltverbindungen s. §§ 24, 40, 72, 77, 98, 132 und Nr. 28 der Tabelle am Schlusse des Buches.

192. Bei Untersuchungen von Metallverbindungen auf Kobalt empfiehlt es sich, die Substanz fein zerrieben auf Kohle zu bringen und zunächst Arsen und Schwefel durch Rösten zu entfernen. Hierbei beschlagen Blei und Wismut, wenn vorhanden, die Kohle. Der Rückstand wird mit Borax versetzt und im Oxydationsfeuer erhitzt. Bildet sich ein Glas, das nicht rein blau ist, so deutet dies auf einen Eisengehalt (siehe § 178). In dem Fall entfernt man das Glas vom Korn und fügt so lange neue Mengen Borax hinzu, bis eine rein blaue Farbe zum Vorschein kommt. Nickel und Kupfer werden vom Flußmittel erst aufgenommen, wenn die vorhandene Menge Kobalt oxydiert ist. Will man die Untersuchung auf jene Metalle ausdehnen, so trennt man das blaue Glas abermals vom Korn und schmilzt es von neuem mit Borax (Oxydationsflamme) zusammen, bis die Perle braun von Nickeloxydul wird. Nachdem auch dieses Glas wieder entfernt ist, fügt man Phosphorsalz hinzu und erhitzt oxydierend, um bei Anwesenheit von Kupfer eine grüne Perle zu erhalten, die beim Erkalten diese Farbe behält und bei der Reduktion mit Zinn auf Kohle rot und trübe wird.

193. Man kann das obige Verfahren zur besseren Abscheidung von Nickel und Kupfer insofern ändern, daß man die mit Borax versetzte Substanz mit Probierblei in der Reduktionsflamme behandelt. Nickel und Kupfer werden vom Bleikorn aufgenommen, und während das Glas am Platindraht auf Kobalt geprüft werden kann, behandelt man das Metallkorn mit Phosphorsalz (Oxydationsflamme) und bekommt, wenn Nickel und Kupfer anwesend sind, eine kalt grüne Perle. Nickel allein bringt eine gelbe, Kupfer allein eine blaue Perle hervor, welch letztere, auf Kohle mit Zinn reduziert, rot und trübe wird.

Kupfer. Das Verhalten der Kupferverbindungen siehe §§ 24, 40, 41, 54, 72, 77, 106 und Nr. 29 der Tabelle am Schlusse des Buches.

194. Kupfer ist leicht erkennbar an den braunen Borax- und roten Phosphorsalzgläsern, in welche die in der Oxydations- flamme geblasenen Perlen sich beim reduzierenden Erhitzen mit Zinn auf Kohle verwandeln. Durch wiederholtes Oxydieren und Reduzieren der Boraxperle in der Bunsenflamme (!) wird das Glas rubinrot, besonders wenn man die reduzierte Perle einer lang- samen Oxydation überläßt.

195. Um einen geringen Kupfergehalt in Metallverbin- dungen aufzufinden, glüht man die Probe [Nr. 24, 81 oder 82] zur Austreibung flüchtiger Bestandteile auf Kohle im Oxydations- feuer, setzt dann Borsäure, die zuvor zu einer Perle ge- schmolzen wurde, hinzu und bedeckt das Ganze mit einer recht großen Reduktionsflamme. Sobald das Korn eine metallglänzende Oberfläche annimmt, verändert man die Flamme in eine spitze Oxydationsflamme, die nur das Glas berührt, ohne das Metall zu streifen. Durch diesen Prozeß werden Blei, Eisen, Kobalt, teilweise Nickel und ferner die beim Rösten nicht gänzlich ab- getriebenen Elemente, wie Wismut, Antimon, Zink, in Oxyde verwandelt und entweder verflüchtigt oder von der Borsäure auf- genommen. Das zurückbleibende Körnchen wird darauf von der Borsäure getrennt, auf Kohle mit Hilfe der Oxydationsflamme in Phosphorsalz gelöst und mit Zinn in der Reduktionsflamme behandelt.

196. Um Kupfer in Verbindungen zu erkennen, die viel Nickel, Kobalt, Eisen und Arsen enthalten, behandelt man zunächst die Probe mit Borax auf Kohle in der Reduktions- flamme, um den größten Teil des Eisens und Kobalts zu lösen. Man versetzt dann das zurückbleibende Metallkorn mit etwas Probierblei und unterwirft es der in § 195 beschriebenen Be- handlung mit Borsäure. Arsen wird verflüchtigt und der Rest von Eisen, Kobalt sowie ein Teil des Nickelgehalts von der Bor- säure aufgenommen. Man trennt dann das Korn vom Glase, löst es in Phosphorsalz (Oxydationsflamme) und erkennt Kupfer an dem heiß dunkelgrünen, kalt hellgrünen Glase; dieses eine Mischfarbe der gelben Nickel- und blauen Kupferperle [Nr. 78].

Um Kupfer neben Zinn nachzuweisen, siehe § 229.

197. Ist Kupfer an Schwefel gebunden, so röstet man die Probe auf Kohle und untersucht mit Phosphorsalz. Erhält man infolge eines hinderlichen Antimon- oder Wismutgehalts eine graue oder schwarze Perle, so bleibt nichts übrig, als die Probe nach dem Rösten mit Soda, Borax und Probierblei auf Kohle (Reduktionsflamme) zu schmelzen, das sich ausscheidende Metallkorn zur Vertreibung von Antimon tüchtig zu glühen und dann Borsäure nach § 195 anzuwenden [Nr. 72].

198. Kupferhaltige Mineralien färben die nicht leuchtende Farbe grün oder, wenn das Metall an Chlor gebunden ist, azurblau. Tritt die Reaktion nicht von selbst ein, so kann man sie häufig dadurch hervorrufen, daß man die gepulverte Probe mit einem Tropfen konzentrierter Salzsäure befeuchtet, zur Trockne verdampft und das Pulver mit Wasser zum Teige mengt, der dann im Platinöhr in die Flamme gebracht wird [Nr. 69]. Dies Verfahren empfiehlt sich auch für die Untersuchung von Schlacken, deren Kupfergehalt infolge des Vorwiegens von Silikaten der Erden und schwer reduzierbaren Metalloxyden durch die Flußmittel nicht erkennbar ist.

Lithium. Die Reaktion des Lithiums und seiner Verbindungen siehe §§ 50, 62 und Nr. 3 der Tabelle am Schlusse des Buches.

199. Silikate, die nur geringe Mengen Lithium enthalten, werden mit dem Pooleschen Gemisch von 1 Teile Flußspat und 2 Teilen reinem Gips, unter Zufügung einiger Tropfen Wasser, zu einem Teig geformt, ins Platinöhr gestrichen und auf Flammenfärbung untersucht [Nr. 63]. Enthält das Silikat gleichzeitig Borsäure, wie dies beim Turmalin der Fall ist, so erhält man erst eine grüne und dann eine rote Flamme.

Ein Gehalt an Phosphorsäure, der z. B. in Triphylin vorkommt, bringt neben der roten Färbung gleichzeitig eine grüne hervor, namentlich nach Befeuchten mit Schwefelsäure.

Um Lithium neben Natrium zu erkennen, kann man auch die mit Salzsäure befeuchtete Probe in geschmolzenes Wachs (Talg usw.) tauchen und am Platindraht in eine nicht zu heiße Flamme halten; man bekommt dann augenblicklich eine karminrote Flamme.

Mangan. Das Verhalten der Manganverbindungen siehe §§ 40, 69, 72, 113 und Nr. 31 der Tabelle am Schlusse des Buches.

200. Bringt man eine in der Oxydationsflamme geblasene, manganhaltige Perle, solange sie noch heiß ist, mit einem Kristall von Salpeter oder Kaliumchlorat zusammen oder stößt ein solches Glas ab in ein Porzellanschälchen, dessen Boden mit dem Pulver dieser Reagentien bedeckt ist, so erhält man eine violette, schaumartige, aus Kaliumpermanganat bestehende Masse.

201. Um die geringste Menge Mangan in irgendwelcher Verbindung, nachzuweisen, schmilzt man die Probe [Nr. 62 oder Nr. 65] mit 4—6 Teilen Soda, besser noch mit einem Gemisch von 5 Teilen Soda und 1 Teile Salpeter, auf Platindraht oder Platinblech in der Oxydationsflamme zusammen. Es bildet sich Kaliummanganat, das heiß grün und klar, kalt bläulichgrün und trübe ist. Kommen Mangan und Chrom in derselben Substanz vor, so ist die Farbe der Schmelze gelblichgrün. Löst man diese in Wasser, setzt Natronlauge hinzu und erhitzt zum Kochen, so erhält man einen weißen Niederschlag von Manganhydroxyd [$Mn(OH)_2$], der sich an der Luft schnell braun färbt. Chrom bleibt in Lösung. Erwärmt man die Lösung gelinde mit Salzsäure und Alkohol gleichzeitig, so tritt durch Reduktion ein Farbumschlag in grün ein, wobei Aldehydgeruch, vom oxydierten Alkohol herrührend, sich bemerkbar macht.

Um Mangan in Metallegierungen oder Hüttenprodukten aufzufinden, löst man die Probe in Salpetersäure, verdampft die Lösung zur Trockne und behandelt den geglühten Rückstand mit Soda, wie oben angegeben. Arsen- und Schwefelmetalle müssen vorher auf Kohle abgeröstet werden.

Bei gleichzeitiger Anwesenheit von Kieselsäure und Kobalt verhindert die Bildung einer blauen Masse die Erkennung der grünen Schmelze. In diesem äußerst seltenen Falle muß die Substanz auf nassem Wege von der Kieselsäure befreit werden.

Molybdän. Das Verhalten der Molybdänverbindungen siehe §§ 38, 40, 46, 72, 73, 77, 108 und Nr. 32 der Tabelle am Schlusse des Buches.

202. Geringe Mengen Molybdänsäure lassen sich auf folgende Weise schnell entdecken: Man tupft etwas konzentrierte Schwefelsäure auf ein muldenförmig gebogenes Platinblech, bringt eine kleine Menge der zerriebenen Substanz in die Schwefelsäure, erhitzt bis zu lebhaftem Dampfen, läßt erkalten und haucht wiederholt auf das Platinblech. Waren nach dem Erkalten nur einzelne blaue Stellen bemerkbar, so tritt nach dem Anhauchen eine intensive Blaufärbung der Schwefelsäure ein. Die Reaktion gelingt noch besser, wenn man statt des Anhauchens etwas Alkohol zufügt; es entsteht dann entweder sofort oder nach dem Abbrennen des Alkohols die charakteristische blaue Farbe (von Kobell). Dieses blaugefärbte Oxyd (M_2O_5) entsteht auch bei Erzeugung der Jodidbeschläge (§ 77).

203. Natrium. Zum Nachweis des Natriums dient außer der Flammenfärbung (§ 49) und dem Spektroskop (§ 58) die in § 152 beschriebene vorzügliche mikrochemische Reaktion.

Nickel. Das Verhalten der Nickelverbindungen siehe §§ 24, 40, 72, 77, 97, 135 und Nr. 33 der Tabelle am Schlusse des Buches.

204. Hat man eine schmelzbare Metallverbindung, die auf Nickel geprüft werden soll, so behandelt man sie auf Kohle mit Borax in der Reduktionsflamme, wobei Eisen, Kobalt usw. vom Glase aufgenommen werden (Ausmittelung nach § 192), während die Metalle, deren Oxyde sich leicht reduzieren, zurückbleiben. Diese Operation wird so lange wiederholt, bis das Glas ungefärbt bleibt. Wird dann das übriggebliebene Körnchen mit Phosphorsalz in der Oxydationsflamme geschmolzen, so kommt entweder eine rein gelbe von Nickel oder eine gelbgrüne von Nickel und Kupfer herrührende Farbe zum Vorschein. Im letzteren Falle reduziert man das Glas auf Kohle mit Zinn, um Kupfer zu konstatieren. Antimon und Wismut, welche diese Reaktion durch Schwarzfärben der Perle verhindern, müssen durch Rösten der Substanz vor Zusatz von Flußmitteln ausgetrieben werden [Nr. 78].

In Arsen- und Schwefelverbindungen wird Nickel auf die bei Kobalt angegebene Weise ermittelt (vgl. § 193).

205. Um geringe Mengen Nickel neben Kobalt nachzuweisen, verfährt man folgendermaßen: Man löst eine nicht zu kleine Menge der Substanz in Borax am Platindraht, stößt die dunkelgefärbte Perle ab und behandelt sie mit einem kleinen Goldkörnchen reduzierend auf Kohle. Nach dem Erkalten trennt man durch einen Schlag mit dem Hammer das Goldkorn von der Schlacke und schmilzt es mit Phosphorsalz in der Oxydationsflamme zusammen. Das Glas wird von dem leichter löslichen Kobaltoxydul im Anfang blau und muß so lange mit neuen Quantitäten Phosphorsalz versetzt werden, bis die Farbe zunächst in grün, dann in gelb übergeht. Das Gold wird durch Abtreiben mit Blei auf Knochenasche und Schmelzen mit Borsäure auf Kohle gereinigt.

Phosphorsäure. Das Verhalten der Phosphorsäure siehe §§ 41, 44, 71 und 116.

206. Man bringt die zerriebene Substanz in ein ausgezogenes, unten zugeschmolzenes Glasröhrchen, setzt ein 5 mm langes Stückchen Magnesiumdraht (oder ein Stückchen Natrium) hinzu, das von der Probe ganz umgeben sein muß, und erhitzt. Unter Feuererscheinung bildet sich Phosphormagnesium (Phosphornatrium). Zerdrückt man die Röhre und befeuchtet den Inhalt mit Wasser, so tritt der charakteristische Geruch des Phosphorwasserstoffes hervor.

Enthält die Probe weder Schwefel noch Arsen, noch ein durch Eisen reduzierbares Metall, so kann man die phosphorsauren Salze auch daran erkennen, daß sie am Platindraht beim Zusammenschmelzen mit Borsäure und einem kleinen Stück Eisendraht eine glänzende Kugel von Phosphoreisen geben, die durch einen leichten Hammerschlag vom Glase getrennt werden kann und die Eigenschaft besitzt, dem Magnet zu folgen [Nr. 64].

Quecksilber. Das Verhalten der Quecksilberverbindungen siehe §§ 11, 12, 17, 72, 77, 90 und Nr. 38 der Tabelle am Schlusse des Buches.

207. Amalgame geben beim Erhitzen im Glührohr ein Sublimat von metallischem Quecksilber in Gestalt kleiner, am besten unter der Lupe sichtbarer Kugeln [Nr. 44].

Substanzen, die Quecksilber in Verbindung mit Schwefel [Nr. 77], Chlor [Nr. 42], Jod oder Sauerstoffsäuren enthalten, werden mit einer reichlichen Menge ganz trockener Soda erhitzt. Die Säuren oder Salzbildner werden von der Soda zurückgehalten, während Quecksilber sublimiert.

Ist die Menge Quecksilber so gering, daß sich das Sublimat nicht deutlich zeigt, so erhitzt man ein Stückchen Jod gelinde in der Röhre, was die Bildung von gelbem oder rotem Quecksilberjodid herbeiführt, oder man wiederholt den Versuch, indem man das mit Blattgold umwickelte Ende eines Eisendrahtes in die Röhre bis nahe an die Probe schiebt. Die geringste Menge Quecksilber reicht hin, das Gold weiß zu färben.

208. Salpetersäure. Beim Erhitzen der völlig trockenen Substanz [Nr. 36] im Glaskölbchen mit saurem Kaliumsulfat entstehen rotbraune Dämpfe von salpetriger Säure. Schiebt man in den zu diesem Zwecke ziemlich langen Hals des Kölbchens einen mit einer Lösung von Eisenvitriol getränkten Papierstreifen, so färbt er sich bei Anwesenheit von Salpetersäure gelb bis braun.

Da Chlor eine ähnliche Reaktion bewirkt, so ist, wenn Chlorverbindungen zugegen sind, statt des sauren Kaliumsulfats Bleiglätte, die frei von Bleisuperoxyd sein muß, anzuwenden. Diese absorbiert anfangs die Salpetersäure, gibt sie aber bei höherer Temperatur wieder ab.

Schwefel. Das Verhalten der Schwefelverbindungen siehe §§ 11, 14, 70 und 117. Bei Untersuchungen auf Schwefel darf die Substanz wegen des häufig großen Schwefelgehaltes des Steinkohlengases nie mit einer Gasflamme behandelt werden.

209. Eine ebenso empfindliche wie leicht ausführbare Reaktion auf Schwefel in irgend welcher Verbindung besteht darin, die zerriebene Probe [Nr. 28] mit Soda, die frei von Natriumsulfat ist, oder besser noch, um das Einziehen in die Kohle zu vermeiden, mit einem Gemisch von 2 Teilen Soda und 1 Teil Borax auf Kohle reduzierend zu schmelzen. Die geschmolzene Masse wird von der Kohle genommen, gepulvert und dann auf Silberblech oder eine blanke Silbermünze gebracht und mit einem Tropfen Wasser befeuchtet. Enthält der untersuchte Körper Schwefel, so bildet sich ein schwarzer Fleck von Schwefelsilber (Heparreaktion). Da Selen und Tellur sich ebenso verhalten, muß man sich von deren Abwesenheit überzeugen.

Betropft man ein Sulfid auf einer Gipsplatte mit einer Lösung von Kaliumcadmiumcyanid und erhitzt es vor dem Lötrohre, so färbt sich die Platte dicht bei der Probe in der Hitze leuchtend rot und schön gelb nach dem Erkalten. Selen und Tellur beeinträchtigen die Reaktion nicht (A n d r e w s).

Schmilzt man eine schwefelhaltige Substanz mit Soda reduzierend zusammen, befeuchtet auf einem Uhrglas die Schmelze mit Wasser und setzt Nitroprussidnatrium hinzu, so färbt sich die Flüssigkeit prachtvoll purpurrot.

Eine verdünnte Lösung von Ammoniummolybdat mit Salzsäure im Überschuß versetzt, wird durch Schwefelwasserstoff oder lösliche Sulfide schön blau.

Salzsäure entwickelt aus löslichen Sulfiden Schwefelwasserstoff, der am Geruch und an der Schwärzung eines mit Bleizuckerlösung getränkten Papierstreifens zu erkennen ist. Unlösliche Sulfide lassen den Schwefelwasserstoff nur bei Anwesenheit von naszierendem Wasserstoff entweichen. Man bringt deshalb etwas

Eisenpulver oder fein granuliertes Zinn in das Reagensglas und erwärmt mit konzentrierter Salzsäure.

210. Um zu entscheiden, ob eine beobachtete Schwefelreaktion von einem Sulfid oder von einem Sulfat herrührt, erhitzt man die Substanz in der Oxydationsflamme, wobei nur Schwefelmetalle das stechend riechende Schwefeldioxyd entwickeln. Eine andere Methode ist folgende: Man schmilzt die fein zerriebene Substanz, deren Schwefelgehalt durch einen Vorversuch mit Soda auf Kohle festgestellt war, [Nr. 75], im Platinlöffel mit Kaliumhydroxyd zusammen und stellt den Löffel mit dem Inhalt in ein Gefäß mit Wasser, in welchem sich auch ein Stück Silberblech befindet. Bleibt das Silber vollkommen blank, so war eine schwefelsaure Verbindung zugegen, färbt es sich schwarz, ein Schwefelmetall. Susbtanzen, die reduzierend wirken können, dürfen selbstverständlich nicht vorhanden sein.

211. Sulfate und mit Salpetersäure oder Königswasser vorbehandelte Sulfide bringen auf einem Objektträger mit verdünnter Chlorcalciumlösung die in § 149 abgebildeten Gipskristalle hervor, eine vorzügliche mikrochemische Reaktion.

212. Selen. Das Verhalten der Selenverbindungen siehe §§ 11, 19, 36, 70, 77 und 86.

In nichtflüchtigen Verbindungen, welche das in § 11 erwähnte rote Sublimat nicht geben, entdeckt man dieses Element leicht an dem Geruch nach faulem Rettich, den die Substanz [Nr. 83] beim oxydierenden Erhitzen auf Kohle entwickelt; bei großem Selengehalt bildet sich hierbei auch ein Beschlag (vgl. § 36). Selensaure oder selenigsaure Salze werden auf Kohle mit Soda reduziert, wobei dann gleichfalls der eigentümliche Geruch bemerkbar wird. Auf der Gipsplatte erhält man einen sehr charakteristischen roten Beschlag.

Silber. Das Verhalten der Silberverbindungen siehe §§ 29, 72, 77, 105 und Nr. 41 der Tabelle am Schlusse des Buches.

213. Silber in Verbindung mit flüchtigen Metallen (Wismut, Blei, Zinn, Antimon) glüht man stark auf Kohle, wonach Verdampfung dieser Metalle ein Silberkorn, umgeben von einem rötlichen Beschlage, zurückbleibt. Ein großer Blei- oder Wismutgehalt wird am besten durch Kupellation entfernt. Diese Operation wird auf folgende Weise ausgeführt: Fein gepulverte Knochenkohle, mit einer geringen Menge Soda versetzt, wird mit Wasser zu einem steifen Teig gemengt und dieser in ein in die Kohle gebohrtes Loch gebracht. Man glättet die Füllung, gibt ihr durch Druck mit dem Stößel des Achatmörsers eine konkave Oberfläche und trocknet die Masse durch gelindes Erhitzen. Auf diese kleine Kapelle legt man dann die Substanz und glüht sie so lange, bis alles Blei und Wismut oxydiert oder von der Kapelle absorbiert ist. Das Silber, oder wenn auch Gold vorhanden, die Legierung bleibt als glänzendes Metall zurück [Nr. 48].

214. In Legierungen mit **Kupfer**, **Nickel** und anderen oxydierbaren, nicht flüchtigen Metallen ermittelt man Silber durch Behandlung mit Borax oder Phosphorsalz in der Oxydationsflamme. Silber bleibt zurück, während die übrigen in Oxyde übergeführten Metalle vom Flußmittel aufgenommen werden. Ist indes der Silbergehalt den übrigen Metallen gegenüber ein sehr kleiner, so ist folgendes für alle Silber- oder Goldproben empfehlenswerte Verfahren von größerer Zuverlässigkeit.

215. Die Substanz [Nr. 82] wird pulverisiert und mit zerstoßenem Boraxglase und Probierblei auf Kohle in ein zylinderisches Grübchen gebracht. Auf 1 Teil Probe nimmt man etwa 1 Teil Boraxglas und 5—10 Teile Probierblei, je nach geringerem oder größerem Gehalt an nicht flüchtigen Metallen. Auf dies Gemenge läßt man eine kräftige Reduktionsflamme wirken, bis die Metalle sich zu einem Korn vereinigt haben und die Schlacke keine Metallkügelchen mehr enthält. Dann wird die Flamme in eine oxydierende verwandelt und hauptsächlich auf das Korn gerichtet. Schwefel, Arsen, Antimon und andere flüchtige Metalle werden verdampft, während Eisen Zinn und Kobalt, sowie etwas Kupfer und Nickel absorbiert und vom Flußmittel aufgenommen werden. Silber, Gold und der größere Teil des Kupfers und Nickels bleiben mit dem Blei und dem etwa vorhandenen Wismut zurück. Sobald die flüchtigen Bestandteile gänzlich entfernt sind, beginnt das Blei sich zu oxydieren und eine rotierende Bewegung anzunehmen. Man legt darauf das Korn auf eine Kapelle von Knochenkohle und setzt es so lange der Oxydationsflamme aus, bis von neuem eine Rotation eintritt. Bei großem Kupfer- oder Nickelgehalt überzieht sich das Korn mit einer dicken, unschmelzbaren Kruste, welche, da sie die gewünschte Oxydation verhindert, einen neuen geringen Zusatz von Probierblei erfordert. Man setzt dann das Erhitzen solange fort, bis alles Blei, Kupfer, Nickel usw. oxydiert ist. Dies erkennt man bei geringerem Silbergehalt an dem Aufhören der rotierenden Bewegung, bei größerem an den Regenbogenfarben, mit denen sich das Metallkügelchen überzieht. Nach einigen Minuten bekommt das Korn das Ansehen von reinem Silber. Die Oxyde von Blei, Kupfer usw. werden von der Knochenkohle absorbiert, und reines Silber oder eine Legierung des Silbers mit anderen edlen Metallen bleibt zurück. Auf Gold prüft man nach § 188.

Chlorsilber läßt sich auf Kohle mit Soda reduzieren.

Tantal. Das Verhalten der Tantalverbindungen siehe §§ 71, 110, 137 und Nr. 42 der Tabelle am Schlusse des Buches.

216. Tantal- und Niobsäure, die in der Regel nebeneinander vorkommen, werden durch Schmelzen mit saurem Kaliumsulfat aufgeschlossen. Löst man die Schmelze in Wasser, so bleibt ein weißer Rückstand, den man mit Schwefelsäure und Zink im Reagensglase oder Porzellanschälchen weiter behandelt. Waltet Niobsäure vor, so entsteht eine saphirblaue Farbe; überwiegt aber Tantalsäure, so verschwindet eine auftretende schwach violettgraue Farbe sehr bald.

Schmilzt man eine Tantalverbindung mit Ätzkali zusammen, so bildet sich Alkalitantalat, dessen wässerige Lösung von Schwefelsäure gefällt wird. Dieser Niederschlag wird von konzentrierter Schwefelsäure wieder gelöst, nach dem Erkalten beim Verdünnen mit Wasser jedoch von neuem ausgeschieden. Bei gleicher Behandlung wird die Niobsäure zwar von konzentrierter Schwefelsäure beim Erwärmen auch gelöst, aber es entsteht nach dem Verdünnen mit Wasser keine Fällung.

Tellur. Das Verhalten der Tellurverbindungen siehe §§ 11, 18, 37, 77, 85 und Nr. 43 der Tabelle am Schlusse des Buches.

217. Blei und Wismut, die auf Kohle die Erkennung des Tellurs erschweren, lassen sich durch verglaste Borsäure (Reduktionsflamme), welche diese Metalle aufnimmt, ohne die Beschlagbildung des Tellurs zu verhindern, unschädlich machen. Verschwindet der Beschlag in der Reduktionsflamme nicht mit grüner, sondern blaugrüner Farbe, so ist auch Selen vorhanden, das durch den Geruch leicht erkennbar ist.

Schmilzt man eine zerriebene Tellurverbindung mit Soda und etwas Kohlenpulver in einem Kölbchen zusammen und fügt nach dem Erkalten heißes Wasser hinzu, so erhält man eine purpurrote Lösung von Tellurnatrium.

Übergießt man Tellurverbindungen im Kölbchen mit Schwefelsäure, so löst sich bei sehr gelindem Erwärmen Tellur ohne Oxydation mit intensiv karminroter Farbe. Wasser schlägt aus der Lösung Tellur als schwarzgraues Pulver wieder nieder [Nr. 84].

Titan. Das Verhalten der Titanverbindungen siehe §§ 40, 68, 71, 110, 139 und Nr. 45 der Tabelle am Schlusse des Buches.

218. Bildet Titansäure den Hauptbestandteil eines Minerals, so ist sie an dem Verhalten zu den Glasflüssen leicht zu erkennen. Ist aber gleichzeitig Eisen vorhanden, so erhält man mit Phosphorsalz im Oxydationsfeuer die Eisenfarbe, im Reduktionsfeuer eine blutrote Perle, die mit Zinn auf Kohle violett wird.

Zusammengesetzte Substanzen, über deren Titangehalt die Behandlung mit Flußmitteln keinen Aufschluß gewährt, prüft man auf folgende Weise: Man schmilzt die Substanz mit der sechs- bis achtfachen Menge sauren Kaliumsulfats in einem Platinlöffel, löst die Masse in Wasser, filtriert und erhitzt nach Zusatz einiger Tropfen Salpetersäure zum Sieden. Es entsteht ein weißer Niederschlag von Titansäure, der mit Phosphorsalz weiter untersucht werden kann [Nr. 61].

Schmilzt man Titansäure mit Ätzkali, zieht die Schmelze mit Wasser aus, setzt Salzsäure im Überschuß hinzu und dampft nach Hinzufügung eines Stückchen Stanniols ein, so nimmt die Flüssigkeit eine violette Farbe an, die auf Zusatz von Wasser in eine rosenrote übergeht. Eine titanhaltige Phosphorsalzperle bringt die gleiche Reaktion hervor.

219. Recht charakteristisch für Titan sind die Kristalle, welche Titansäure in den Glasflüssen erzeugt (§ 40). Bringt man eine in der Reduktionsflamme gesättigte titanhaltige Phosphorsalzperle in die Oxydationsflamme nahe der blauen Spitze, so scheiden sich würfelförmige Rhomboeder von Titannatriumphosphat [$Ti_2Na(PO_4)_3$] aus. Man erhält sie auch, wenn man in der Phosphorsalzperle etwas Titansäure im Schmelzraum der Oxydationsflamme löst und dann weitere Zusätze im mittleren Teile dieser Flamme erhitzt. Bei einem gewissen Sättigungsgrad werden die die Rhomboeder beständig, bei noch höherem werden sie zahlreicher, und erscheint die Perle nach dem Erkalten weiß und undurchsichtig.

Reduziert und oxydiert man abwechselnd die Perle weiter bis zum Verschwinden der Kristalle, setzt dann von neuem Titansäure zu und wiederholt das Reduzieren und Oxydieren noch einige Male, so vollzieht sich im weniger heißen Teile der Oxydationsflamme von neuem eine Kristallbildung, und man erblickt unter dem Mikroskop die steilen tetragonalen Doppelpyramiden des Anatases. Um diese Kristalle zu erhalten, darf die Temperatur nicht über Rotglut des Platindrahts hinausgehen, sonst entstehen Rutilkristalle, und die Anatase verschwinden zugunsten der Rutile. Rutil- und Anatasbildung hängt mithin von der angewandten Temperatur ab. Der Gehalt an Phosphorsäure ist der Grund, weshalb sich erst Titannatriumphosphat und später Anatas- und Rutilkristalle bilden. Beim Glühen des Phosphorsalzes verflüchtigt sich relativ mehr Phosphorsäure als Natrium. Ist der Gehalt an P_2O_5 groß, so entstehen die Rhomboeder von $Ti_2Na(PO_4)_3$, ist er bis zu einem gewissen Grade gesunken (unter 52,7 %), dann verbindet sich das Natriumphosphat nicht mehr mit der Titansäure und diese kristallisiert in reinem Zustande aus.

Mit Borax erhält man nur Rutile. Die mit Titansäure gesättigte Perle kommt schon in der Spitze der Oxydationsflamme zur kristallinischen Erstarrung, noch leichter, wenn man gleiche Teile von Borax und Phosphorsalz verwendet.

Die Rutile bilden sich verschiedenartig aus, sowohl zu langen haarförmigen Kristallen, wie auch zu dünnen tafelförmigen und gedrungen kompakten Formen, wobei alle möglichen Übergänge vorkommen. Bei Anwendung von Borax entstehen ganz vorwiegend spießige, säulenförmige Individuen von oft 1 mm Länge (Doß).

Uran. Das Verhalten der Uranverbindungen siehe §§ 40, 72, 114, 140 und Nr. 46 der Tabelle am Schlusse des Buches.

220. In Verbindungen, die keine anderen färbenden Bestandteile enthalten als Uran, läßt sich dies Metall durch das Verhalten in der Phosphorsalzperle, sowie durch die übrigen in Nr. 46 der Tabelle angegebenen Reaktionen erkennen. Neben Eisen läßt sich Uran nicht durch die Flußmittel nachweisen; in diesem Fall muß man zur Erkennung der beiden Metalle das in § 183 beschriebene Verfahren in Anwendung bringen.

Neben Kupferoxyd bringt Uran, in gleichem Maße wie Eisen, in der Oxydationsflamme grüne Perlen hervor. Um in solchem Fall Uran nachzuweisen, behandelt man die Substanz mit Soda, Borax und einem Silberkorn auf Kohle in der Reduktionsflamme, bis alles Kupfer reduziert und vom Silber aufgenommen ist. Die Schlacke wird in Salpetersäure gelöst, die Lösung mit Ammoniumcarbonat versetzt und dann nach § 183 weiter untersucht.

221. Die in § 152 beschriebene mikrochemische Reaktion läßt sich umkehren. Man löst die Uranverbindung in Salpetersäure, verdampft zur Trockne, nimmt den Rückstand mit Wasser auf und fügt Natriumcarbonat hinzu. Die abfiltrierte und mit Essigsäure versetzte Lösung ergibt dann beim Verdunsten die auf S. 95 abgebildeten Kristalle von Uranylnatriumacetat. Um die an gleicher Stelle beschriebenen Kristalle von Uranylmagnesium-natriumacetat zu erhalten, braucht man nur neben dem Natriumcarbonat ein Magnesiumsalz zuzusetzen.

Vanadin. Das Verhalten der Vanadinverbindungen siehe §§ 40, 68, 73, 112 und Nr. 47 der Tabelle am Schlusse des Buches.

222. Schließt man Vanadinverbindungen mit Soda und Salpeter in der Platinspirale auf, zieht die gelbe Schmelze mit Wasser aus und säuert mit Essigsäure an, so entsteht auf Zusatz von Silbernitrat ein gelber Niederschlag.

Beim Eindampfen der Schmelze mit Königswasser erhält man eine gelbe oder gelbbraune Lösung, die auf Zusatz von Zinnchlorür blau wird [Nr. 85].

Wird die beim Aufschließen erhaltene Lösung angesäuert und mit Wasserstoffsuperoxyd geschüttelt, so färbt sie sich rot und behält auch diese Farbe, wenn Äther zugefügt wird; dieser bleibt ungefärbt.

Wismut. Das Verhalten der Wismutverbindungen siehe §§ 12, 17, 26, 72, 77, 89 und Nr. 48 der Tabelle am Schlusse des Buches.

223. In den Metallverbindungen, wie sie natürlich vorkommen oder als Hüttenprodukte erhalten worden, läßt sich Wismut am Beschlage erkennen. An Schwefel gebunden bildet sich um den gelben Beschlag herum noch ein weißer, der aus Wismutsulfat besteht. Dieser kann jedoch durch Sodazusatz verhindert werden.

Um Wismut neben anderen beschlaggebenden Metallen, Antimon ausgenommen, zu erkennen, schabt man den Beschlag von der Kohle ab, löst ihn in Phosphorsalz am Platindraht (Oxydationsflamme), stößt die Perle ab und reduziert sie auf Kohle mit Zinn, wobei Wismut sich durch Grau- oder Schwarzfärben der Perle zu erkennen gibt [Nr. 46]. Da Antimon sich ebenso verhält, muß die Probe, wenn antimonhaltig, zuvor so lange auf Kohle im Oxydationsfeuer erhitzt werden, bis alles Antimon verdampft ist.

Behandelt man nach Kobell irgend eine Wismutverbindung auf einem großen Stück Kohle mit einem Gemisch von gleichen

Teilen Jodkalium und Schwefel (schwefelhaltige Substanzen nur mit Jodkalium), so entsteht, entfernt von der Probe, ein sehr charakteristischer, schön roter Beschlag. Bleihaltige Substanzen, in derselben Weise behandelt, geben einen tiefgelben Beschlag; ihre Anwesenheit beeinträchtigt die Wismutreaktion nicht. Der Jodidbeschlag läßt sich nach § 77 auf verschiedene Weise erhalten.

224. Cornwall hat die Kobellsche Methode zur Erkennung von Wismut neben Antimon und Blei folgendermaßen abgeändert: Man versetzt die Substanz mit dem gleichen Volumen Schwefel und behandelt das Gemisch in einem tiefen Kohlengrübchen einige Augenblicke mit der blauen Flamme. Die gebildeten geschmolzenen Sulfide werden auf ein flaches Stück Kohle gebracht und abwechselnd der Oxydations- und Reduktionsflamme ausgesetzt, bis die Antimondämpfe anfangen aufzuhören, und eine vom Blei blau gefärbte Flamme erscheint. Der Rückstand wird pulverisiert und, dem Gewicht nach, mit der gleichen Menge eines aus 1 Teil Jodkalium und 5 Teilen Schwefel bestehenden Gemisches versetzt. Das Ganze wird dann in einer offenen Röhre von 10—12 cm Länge und 8—10 mm Weite über einer Gas- oder Spiritusflamme erhitzt. Ein deutliches Sublimat von rotem Wismutjodid bildet sich etwa 10 mm über dem gelben Jodbleisublimat. Hutchings empfiehlt hierbei Kupferjodid an Stelle des Jodkaliums zu benutzen.

Mit dem Wismutsublimat ist ein möglicherweise in größerer Entfernung von der Probe entstehendes Jodsublimat nicht zu verwechseln.

Wolfram. Das Verhalten der Wolframverbindungen siehe §§ 40, 68, 73, 77, 109 und Nr. 49 der Tabelle am Schlusse des Buches.

225. Ein geringer Wolframgehalt wird auf folgende Weise ermittelt: Man schmilzt die Probe mit der fünffachen Menge Soda zusammen, zieht die Schmelze mit Wasser aus und fällt die Wolframsäure mit Salzsäure in Gestalt eines weißen Pulvers. Der Niederschlag wird beim Kochen gelb und ist im Überschuß der Säure unlöslich (Unterschied von Molybdänsäure), in Ammoniak aber löslich. Die Lösung gibt mit Blutlaugensalz nach Ansäuren eine tiefbraune Färbung und nach einiger Zeit eine Fällung von gleicher Farbe, mit Silbernitrat einen weißen und mit Zinnchlorür einen gelben Niederschlag. Säuert man mit Salzsäure an und erwärmt, so wird der Niederschlag — was sehr charakteristisch ist — schön blau.

Zink. Das Verhalten der Zinkverbindungen siehe §§ 12, 34, 71, 72, 77, 94, 142 und Nr. 50 der Tabelle am Schlusse des Buches.

226. Auf Kohle prüft man Substanzen, in denen Zink im oxydierten oder geschwefelten Zustande vorhanden ist, für sich im Reduktionsfeuer; solche, die noch andere Metalloxyde enthalten, mit einem Gemisch von 2 Teilen Soda und $1^{1}/_{2}$ Teilen Borax. Der sich bildende Beschlag ist sehr charakteristisch, da er beim Glühen stark leuchtet, heiß gelb, kalt weiß erscheint, sich nicht verflüchtigen läßt und bei der Behandlung mit Kobaltlösung eine grüne Farbe annimmt [Nr. 10]. Es empfiehlt sich, die Kohle vorher an der Stelle, wo der Beschlag sich absetzen soll, mit der Lösung zu befeuchten.

227. Während das Verhalten zu Kobaltlösung durch Blei und Wismut nicht beeinträchtigt wird, verliert es, wenn Zinn und Antimon, die sich ähnlich verhalten wie Zink, vorhanden sind, seine Anwendbarkeit. Zuweilen gelingt es zwar, Antimon mit der Oxydationsflamme auszutreiben, in den meisten Fällen jedoch muß man darauf verzichten, Zink neben den genannten Metallen vor dem Lötrohr zu ermitteln.

Zinn. Das Verhalten der Zinnverbindungen s. §§ 12, 28, 71, 72, 77, 107, 143 und Nr. 51 der Tabelle am Schlusse des Buches.

228. Ein Körper, der Zinn im oxydierten Zustande enthält, wird auf Kohle mit Soda und Borax in der Reduktionsflamme geschmolzen. Man erhält geschmeidige, leicht schmelzbare Körnchen von metallischem Zinn. Trennt man sie von der Schlacke und bringt sie ins Oxydationsfeuer, so überziehen sie sich mit weißem Oxyd, das sich auch in unmittelbarer Nähe der Probe auf der Kohle absetzt. Durch Behandlung mit Kobaltlösung färbt sich der Beschlag blaugrün. Neben Zink, das im ganzen Verhalten eine große Ähnlichkeit an den Tag legt, wird Zinn durch den Jodidbeschlag erkannt; dieser ist bei Zink weiß und daher auf der weißen Gipsplatte nicht sichtbar, so daß der bräunlichgelbe, von Zinn herrührende Beschlag leicht zu unterscheiden ist.

229. In Metallegierungen gibt sich Zinn leicht dadurch zu erkennen, daß man selbst bei guter Reduktionsflamme kein blankes Korn bekommt. Die Oxydschicht ist selbst mit Borax schwer zu beseitigen.

Legierungen von Kupfer und Zinn (Kanonen-, Glockenmetall und Bronze) untersucht man auf folgende Weise: Man schmilzt die Substanz mit einem aus 1 Teil Soda, $\frac{1}{2}$ Teil Borax und $\frac{1}{3}$ Teil Kieselerde bestehenden Flusse so lange reduzierend, bis das Metallkorn eine rotierende Bewegung annimmt. Dann verwandelt man die Flamme in eine oxydierende, lenkt sie hauptsächlich auf das Glas und richtet es so ein, daß das Korn auf der einen Seite mit dem Glase, auf der anderen mit der Kohle in Berührung kommt. Das Zinn wird oxydiert und vom Flußmittel aufgenommen, während das Kupfer zurückbleibt. Dieses wird vom Glase getrennt und mit Phosphorsalz weiter geprüft, während die Schlacke zerstoßen und mit Soda oder Cyankalium auf Kohle reduziert wird [Nr. 49].

Viertes Kapitel.

Systematische Untersuchung zusammengesetzter unorganischer Körper.

230. Wie bei analytischen Untersuchungen auf nassem Wege ist es auch bei der Lötrohranalyse ratsam, einen systematischen Gang innezuhalten, sobald man nicht einen einzelnen Bestandteil auffinden, sondern die ganze Zusammensetzung eines Körpers ermitteln will. Man spart dadurch nicht nur Zeit, sondern hat auch eine größere Gewähr dafür, daß kein Stoff übersehen wird.

Es braucht nicht besonders hervorgehoben zu werden, daß bei der Lötrohranalyse eine auf fortgesetzte Trennungen gegründete Untersuchungsmethode, wie bei der Analyse auf nassem Wege, nicht ausführbar ist. Außer der Abscheidung flüchtiger Stoffe von nichtflüchtigen sind Trennungen schwer zu bewerkstelligen. Ein Gang der Lötrohranalyse ist daher nicht viel mehr als eine systematische Reihenfolge von Gruppen- und Einzelreaktionen. Dies bedingt, daß öfters neue Proben von der zur Untersuchung gelangenden Substanz gebraucht werden, worauf durch vorsichtige Einteilung derselben Rücksicht zu nehmen ist.

Im folgenden werden zwei Analysengänge mitgeteilt, von denen der erste sich auf alle durch das Lötrohr auffindbaren Elemente erstreckt und zugleich spezielle Reaktionen zur Bestätigung der gefundenen Stoffe enthält, während der zweite vorwiegend Metallverbindungen berücksichtigt.

Systematischer Gang der Lötrohranalyse[1]).

Vorprüfung.

A. Beim Erhitzen im Glührohre zeigt sich:

a) Gas- und Dampfbildung:

Farb- und geruchloses Gas:

Wasser, Kristallwasser, Hydrate.

Sauerstoff, Superoxyde, Nitrate, Chlorate, Bromate und Jodate.

Kohlendioxyd, viele Carbonate und Oxalate.

Kohlenoxydgas, Oxalate und Formiate (letztere verkohlen).

Farbloses, riechendes Gas:

Schwefeldioxyd, einige Sulfate.

Schwefelwasserstoff, Thiosulfate und wasserhaltige Sulfide.

Ammoniak, einige Ammoniaksalze (Curcumapapier wird gebraunt, rotes Lackmuspapier gebläut).

Cyan, Cyanverbindungen.

Arsen, Arsenverbindungen infolge von Reduktion (Knoblauchgeruch).

Gefärbtes, riechendes Gas:

Stickstoffdioxyd (rotbraun): zersetzte Nitrate der schweren Metalle.

Jod (violett): einige Jodmetalle uud Jodate.

Brom (braun): einige Brommetalle.

Chlor (grünlichgelb), einige Chlormetalle.

b) Sublimatbildung:

Man beachte, ob die Substanz sich ganz verflüchtigt oder ob sie auch nicht flüchtige Verbindungen enthält.

---

[1]) **Landauer,** Zeitschrift für analytische Chemie, **16,** 385 (1877).

Weifses Sublimat:

Ammoniaksalze.

Quecksilberchlorür, sublimiert, ohne vorher zu schmelzen.

Quecksilberchlorid, schmilzt zuvor.

Antimonoxyd, schmilzt und sublimiert zu glänzenden Nadeln.

Tellurdioxyd, schmilzt und sublimiert zur amorphen Masse.

Arsentrioxyd, sublimiert, ohne zu schmelzen, zu oktaedrischen Kristallen.

Schwarzes oder graues Sublimat:

Arsen, metallisches Arsen und manche Arsenverbindungen (Metallspiegel).

Quecksilberamalgame, und einige Quecksilberverbindungen (metallische Kügelchen).

Jod, violette Dämpfe, Jodgeruch.

Farbiges Sublimat:

Schwefel, heiß gelbbraun, kalt gelb: freier Schwefel oder schwefelreiche Sulfide.

Antimonsulfide, heiß schwarz, kalt rotgelb.

Arsensulfide, heiß braunrot, kalt rotgelb.

Quecksilberjodid, gelb, wird durch Reiben rot.

Zinnober, schwarz, beim Reiben rot.

Selen, rötlich bis schwarz, Pulver dunkelrot.

c) **Farbenwechsel:**

Zinkoxyd, von weiß in gelb, kalt weiß.

Zinnoxyd, von weiß in gelbbraun, kalt hellgelb.

Bleioxyd, von weiß in braunrot, kalt gelb.

Wismutoxyd, von weiß in orangegelb, kalt zitronengelb.

Quecksilberoxyd, von rot in schwarz, kalt rot (flüchtig).

Eisenoxyd, von rot in schwarz, kalt rot (nicht flüchtig).

Quecksilberjodid, von rot in gelb, kalt rot.

Cadmiumsulfid, von gelb in zinnoberrot, kalt gelb.

Hydrate der Kobalt-, Nickel-, Eisen- und Kupfersalze.

d) **Schmelzen:** Alkalisalze.

e) **Verkohlen:** Organische Substanzen (brenzlige Dämpfe, bei Anwesenheit von Stickstoff auch ein brandiger Geruch).

f) **Phosphoreszenz:** Alkalische Erden, Zinkoxyd, Zinnoxyd.

g) **Zerknistern:** Chloralkalien, Bleiglanz und manche Mineralien.

B. Beim Erhitzen in der offenen Röhre zeigt sich[1]):

a) **Gas- und Dampfbildung:**

> **Schwefeldioxyd,** von charakteristischem Geruch: Schwefel und Schwefelmetalle.

> **Selendioxyd,** nach faulem Rettich riechend: Selen und Selenmetalle.

b) **Sublimatbildung:**

> **Arsentrioxyd:** sehr flüchtiges, weit von der Probe entferntes, weißes Sublimat: Arsen und Arsenmetalle.

> **Antimonoxyd,** weißer Rauch, Sublimat zum Teil flüchtig: Antimon und Antimonverbindungen.

> **Tellurdioxyd,** weißer Rauch, Sublimat zu farblosen Tropfen schmelzbar: Tellur und Tellurmetalle.

> **Bleisulfat, Wismutsulfat,** } weiße, meist unterhalb der Probe befindliche Masse: Schwefelverbindungen von Blei bzw. Wismut.

C. Beim Glühen auf Kohle zeigt sich:

a) **Schmelzbarkeit:**

Schmelzbar:	Unschmelzbar:
Alkali- und einige Erdalkalisalze.	Salze der Erden und der alkalischen Erdmetalle.
Antimon, Blei, Cadmium, Tellur Wismut, Zink, Zinn, (sämtlich leicht schmelzbar).	Kieselsäure.
Kupfer, Silber, Gold (schwer schmelzbar).	Eisen, Kobalt, Nickel, Molybdän, Wolfram, Platin, Palladium, Iridium, Rhodium und Osmium.

b) **Verpuffen:** Nitrate, Chlorate, Jodate und Bromate.

c) **Aufblähen:** Wasserabgabe, Borate und Alaun.

Flammenfärbung, Metallreduktion und **Beschlagbildung** werden bei der eigentlichen Untersuchung beschrieben.

---

[1]) Reaktionen, die mit den vorhergehenden übereinstimmen, sind nicht von neuem angegeben.

Eigentliche Untersuchung.

Auffindung der Basen.

I. Man behandelt die mit Soda versetzte Substanz auf Kohle mit der Reduktionsflamme; bei regulinischen Metallen unterbleibt der Sodazusatz.

Tritt eine der nachstehenden Gruppenreaktionen allein auf, so kann der Gang auf folgende Weise abgekürzt werden:

a) die Substanz gibt einen Beschlag mit oder ohne Metallkorn. . . . . Abt. I Nr. 1

b) die Substanz gibt ein Metallkorn ohne Beschlag . . . . „ I „ 11

c) die Substanz gibt einen grauen oder schwarzen Rückstand . . . . „ II „ 14

d) die Substanz färbt die Flamme, besonders nach Befeuchten mit HCl. . . . . „ IV „ 33

e) die Substanz hinterläßt einen weißen, leuchtenden Rückstand . . . . „ V „ 45

f) die Substanz verflüchtigt sich vollständig „ VI „ 54

Heparbildung ist als Anzeichen eines Sulfats oder Sulfids zu beachten.

Bei Beurteilung des Metallkorns ist zu berücksichtigen, daß bei gleichzeitiger Anwesenheit mehrerer Metalle Legierungen entstehen können.

1. Beschlag weiß, sehr flüchtig, verschwindet mit hellblauem Schein und verbreitet Knoblauchgeruch   **Arsen**

> 1* Spezielle Nachweisung. Beim Erhitzen mit Cyankalium und Soda im Glaskölbchen bildet sich ein Arsenspiegel.

2. — rötlichbraun, bunt angelaufen wie die Augen der Pfauenfedern, durch Oxydations- und Reduktionsflamme ohne farbigen Schein vertreibbar   **Cadmium**

> 2* Sp. Nachw. Der abgeschabte Beschlag färbt sich beim Erhitzen mit Natriumthiosulfat in der einseitig geschlossenen Röhre heiß zinnoberrot, kalt gelb. Vgl. Nr. 3*.

3. **Beschlag heiß gelb, kalt weiß, leuchtet und ist un-
   vertreibbar** **Zink**

> 3* Sp. Nachw. Der Beschlag wird beim Glühen mit Kobalt-
> lösung grün. Bei gleichzeitiger Anwesenheit von Cd und
> Zn entsteht erst der Cd-Beschlag, später der Zn-Beschlag.

4. **— stahlgrau, verschwindet in der Reduktionsflamme mit
   blauem Schein und verbreitet den Geruch faulen Rettichs**
   Selen

> 4* Sp. Nachweis. Vgl. Nr. 5*.

5. **— weiß, mit dunkelgelbem bis rotem Rande, verschwindet in
   der Reduktionsflamme mit grünem Scheine** **Tellur**

> 5* Sp. Nachw. Sind Se und Te gleichzeitig vorhanden, so
> entsteht ein weißer Beschlag, der die Reduktionsflamme blau-
> grün färbt und den Geruch des faulen Rettichs verbreitet.
> Behufs Unterscheidung bringt man an einem Probierglase
> einen Metallbeschlag hervor, senkt das Glas in ein zweites
> nur wenig weiteres, worin sich einige Tropfen völlig kon-
> zentriertes H_2SO_4 befinden und erwärmt schwach. Te löst
> sich sofort mit karminroter Farbe, während die schmutziggrüne
> Farbe des Se erst bei gesteigerter Temperatur hervortritt.

6. **— bläulichweiß, flüchtig, durch Oxydationsflamme
   vertreibbar, verschwindet in der Reduktionsflamme mit
   grünem Schein.**
   Korn: weiß, oxydierbar und sehr spröde **Antimon**

> 6* Sp. Nachw. Wird der abgeschabte Beschlag mit HCl und
> Zn auf Platinblech zusammengebracht, so überzieht sich
> dieses mit einer schwarzen anhaftenden Antimonschicht.

7. **— heiß orange, kalt zitronengelb, durch Orydations-
   und Reduktionsflammen ohne farbigen Schein vertreibbar.**
   Korn: rötlichweiß, oxydierbar und spröde **Wismut**

> 7* Sp. Nachw. Auf Kohle mit Jodkalium und Schwefel oder
> mit Jodschwefel in der Oxydationsflamme behandelt, entsteht
> der schön rot gefärbte Beschlag von Jodwismut.

8. **— heiß zitronengelb, kalt schwefelgelb, durch Oxy-
   dations- und Reduktionsflamme vertreibbar, färbt die Reduktionsflamme schön blau.**
   Korn: grau, geschmeidig und oxydierbar **Blei**

> 8* Sp. Nachw. Man befeuchtet die Probe mit HNO_3 ver-
> dampft die Säure, setzt etwas H_2SO_4 hinzu und erhitzt bis
> zur Entwickelung weißer Dämpfe. Es entsteht ein weißes
> Pulver, das in mit H_2SO_4 angesäuertem Wasser völlig un-
> löslich ist.

9. **Beschlag heiß gelblich**, kalt **weiß**, sehr gering, dicht an der Probe und nicht flüchtig.

     Korn: weiß, geschmeidig und sehr oxydierbar   **Zinn**

       9* **Sp. Nachw.** Man löst in HCl und fällt aus der sauren Lösung durch Zn metallisches Zinn als graue, schwammartige Masse, die am Platin nicht haftet (Unterschied von Sb). Wirft man in die Lösung (in der HCl und Zn befindlich) einen Kristall von $Na_2S_2O_3$, so fällt braunes SnS nieder.

10.   — **weiß**, gering, durch bloßes Erwärmen vertreibbar, **Metallkügelchen** grau, bleiben nach beendigtem Blasen noch flüssig. Beschlag und Metallkugel färben die Flamme grün

                                                Thallium

       10* **Sp. Nachw.** Eine grüne Spektrallinie.

11. **Korn weiß**, geschmeidig, sehr glänzend. In starker Oxydationsflamme entsteht ein rotbranner Beschlag, der bei Anwesenheit von Pb und Sb karmoisinrot ist   **Silber**

       11* **Sp. Nachw.** Man löst in HNO_3 und erhält durch HCl einen weißen, käsigen Niederschlag von AgCl.

12.   — **gelb**, sehr glänzend, geschmeidig und nicht oxydierbar

                                                 Gold

       12* **Sp. Nachw.** Man löst in Königswasser [und fällt durch $SnCl_2$ Goldpurpur.

13. **Metall rot**, geschmeidig und oxydierbar   **Kupfer**

       13* **Sp. Nachw.** Vgl. Nr. 14 und 40.

Anmerkung.

Als graues, unschmelzbares Pulver bleiben Eisen, Nickel, Kobalt (magnetisch), Molybdän, Wolfram und die Metalle der Platingruppe zurück. Über die erstgenannten Körper gibt die Prüfung mit Borax (Abt. II) näheren Aufschluß, wohingegen die Platinmetalle durch deutliche Lötrohrreaktionen nicht ausgezeichnet sind.

Einige Chlor-, Jod-, Brom- und Schwefelmetalle bringen, ohne eine Metallreduktion zu erleiden, weiße, wenig charakteristische Beschläge hervor, die mit den oben beschriebenen nicht verwechselt werden dürfen. Die Substanzen, welche diese Beschläge hervorrufen, werden im Laufe des Ganges auf andere Weise ermittelt.

II. Man löst die Probe (Rückstand) in Borax am Platindraht.

a) Es entsteht in der Oxydations- oder
   Reduktionsflamme eine gefärbte Perle   Nr. 14.

b) Nicht . . . . Abt. IV, Nr. 33.

Die Farbe der Perle ist

	Im Oxydationsfeuer		Im Reduktionsfeuer		
	heiß	kalt	heiß	kalt	
14.	grün	blaugrün	farblos	rot, undurchsichtig, bei längerem Blasen farbl.	**Kupfer**
15.	blau	blau	blau	blau	**Kobalt**
16.	violett bis schwarz	rotviolett	farblos	farblos bis rosa	**Mangan**
17.	violett	rotbraun	gelblichgrau	gelblichgrau	**Nickel**
18.	rot, schwach gesättigt gelb	farblos	grün	flaschengrün	**Eisen**
19.	desgl.	desgl.	desgl.	desgl.	**Uran**
20.	desgl.	farbl., st. ges. opalartig	braun	braun (trübe)	**Molybdän**
21.	desgl.	grasgrün	grün	smaragdgrün	**Chrom**
22.	desgl.	farblos, st. ges. gelb	farblos	farblos	**Cer**
23.	gelb	grüngelb,	bräunlich	smaragdgrün	**Vanadin**
24.	desgl.	farbl., st. ges. emailweiß	gelb	gelblichbraun	**Wolfram**
25.	desgl.	farblos	gelb bis braun	gelb b. braun, durch Flattern blau	**Titan**

14* Sp. Nachw. Die Phosphorsalzperle wird beim Reduzieren mit $SnCl_2$ rot; wird sie schwarz, so röstet man auf Kohle ab und entfernt Sb und Bi durch Borsäure (O.-Fl.).

Aus der Boraxperle kann auf Kohle ohne $SnCl_2$ durch Reduzieren Cu metallisch abgeschieden werden; die Perle wird farblos, wenn andere färbende Metalle fehlen.

15* Sp. Nachw. Das auf Kohle reduzierbare Metall gibt, auf Papier abgestrichen, mit HNO_3 eine rote Lösung, die, mit HCl versetzt, nach dem Trocknen einen grünen Fleck erzeugt, der beim Anfeuchten mit H_2O verschwindet.

16* Sp. Nachw. Beim Schmelzen mit Soda und Salpeter auf Platin entsteht eine grüne Masse.

17* Sp. Nachw. Das auf Kohle reduzierte Metall gibt, auf Papier gestrichen, mit HNO_3 eine grüne Lösung, die, mit Na_2CO_3 versetzt, einen apfelgrünen Fleck erzeugt.

18* Sp. Nachw. Das auf Kohle reduzierte Metall gibt, auf Papier gestrichen und mit HNO_3 und HCl betropft, beim Erwärmen über der Flamme einen gelben Fleck, der, mit Blutlaugensalz befeuchtet, eine blaue Farbe annimmt.

19* Sp. Nachw. Die Phosphorsalzperle ist in der Oxydationsflamme heiß gelb, kalt gelbgrün; Reduktionsflamme heiß schmutziggrün, kalt schön grün (Unterschied von Fe).

Man schließt unlösliche Uranverbindungen in der Platinspirale mit $HKSO_4$ auf, verreibt die Schmelze mit Na_2CO_3, befeuchtet die Masse und saugt sie in Papier auf. Auf der mit Essigsäure befeuchteten Stelle entsteht durch Blutlaugensalz ein brauner Fleck.

20* Sp. Nachw. Beim Erwärmen mit H_2SO_4 im Platinlöffel färbt MoO_3 die Säure nach Zusatz von Alkohol oder beim Anhauchen tief blau.

21* Sp. Nachw. Beim Zusammenschmelzen mit Soda und Salpeter auf Platinblech entsteht eine gelbe Masse.

22* Sp. Nachw. Ist durch Lötrohrproben nicht bestimmt nachzuweisen. Siehe S. 159.

23* Sp. Nachw. Nach Aufschließen mit Soda und Salpeter, Ausziehen der Schmelze mit H_2O, Ansäuern mit Essigsäure bringt $AgNO_3$ einen gelben Niederschlag hervor.

24* Sp. Nachw. Die Phosphorsalzperle ist in der Oxydationsflamme heiß und kalt farblos; Reduktionsflamme heiß schmutziggrün, kalt blau, auf Zusatz von Fe blutrot. — Vgl. Nr. 28.

25* Sp. Nachw. Die Phosphorsalzperle ist in der Oxydationsflamme heiß und kalt farblos; Reduktionsflamme heiß gelb, kalt violett, auf Zusatz von Fe blutrot. — Vgl. Nr. 31.

26. Die Perle zeigt infolge Vorhandenseins mehrerer färbenden Oxyde Doppelreaktionen, z. B.:

| Im Oxydationsfeuer | | Im Reduktionsfeuer | | |
heiß	kalt	heiß	kalt	
violett bis blutrot	bräunlich-violett	gelb	flaschengrün	Mn und Fe
pflaumenfarbig	pflaumenfarbig	blaugrün	blau	Mn, Fe und Co
grün	graublau	blaugrün	grün	Mn, Fe, Co und Ni
gelbgrün	grün	grünlichblau	blau	Fe, Co und wenig Ni
violettbraun	braun	blau	blau	Co und viel Ni
grün	hellgrün, blau oder gelb, je nach Sättigung			Fe und Co Fe und Cu Fe und Ni

26* Sp. Nachw. Man fertigt durch Lösen der Substanz in Borax und Abstoßen vom Draht eine Anzahl Perlen an und reduziert diese auf Kohle unter Zufügung eines Blei- oder Goldkornes. Nach einigem Blasen trennt man die Perle (a) vom Blei- oder Goldkorn (b) und untersucht

a) die **Perle,** deren Bruchstücke in Borax am Platindraht gelöst werden:

α) die Perle ist blau **Kobalt**

β) die Perle ist heiß grün, kalt blau (Oxydationsflamme) **Eisen und Kobalt**

γ) die Perle ist heiß violett bis blutrot, kalt bräunlichviolett (Oxydationsflamme); heiß gelb, kalt flaschengrün (Reduktionsflamme); auf Kohle mit Sn reduziert vitriolgrün. Bei mangelhafter Oxydationsflamme ist die Perle heiß gelb, kalt farblos. **Mangan und Eisen**

δ) die Perle ist heiß und kalt pflaumenfarbig (Oxydationsflamme); heiß blaugrün, kalt blau (Reduktionsflamme) **Mangan, Eisen und Kobalt;**

b) das **Blei-** oder **Goldkorn.** Man entfernt das Blei mit Borsäure (Oxydationsflamme auf Kohle) und löst den Rückstand in Phosphorsalz:

α) die Perle ist kalt blau (Oxydationsflamme), mit Sn auf Kohle reduziert rot **Kupfer**

β) die Perle ist kalt gelb (Oxydationsflamme) **Nickel**

γ) die Perle ist kalt grün (Oxydationsflamme) **Kupfer und Nickel.**

Anmerkung: Vom etwa benutzten Goldkorn lösen Phosphorsalzperlen erst Ni dann Cu; das Goldkorn reinigt man nach § 205.

III. Man schließt die Substanz mit saurem Kaliumsulfat auf und stellt in die mit Salzsäure versetzte Lösung einen Zinkstab [1]).

Die Lösung färbt sich:

27. blau, dann grün, endlich schwarzbraun **Molybdänsäure**

    27* Sp. Nachw. Nach Nr. 20 bereits gefunden.

28. blau **Wolframsäure**

    28* Sp. Nachw. Vgl. Nr. 24.

29. blau, dann grün, endlich violett **Vanadinsäure**

    29* Sp. Nachw. Vgl. Nr. 23.

30. grün **Chromsäure**

    30* Sp. Nachw. Nach Nr. 21 bereits gefunden.

31. violett **Titansäure**

    31* Sp. Nachw. Vgl. Nr. 25.

32. blau, aus stark sauren Lösungen braun **Niobsäure**

---

[1]) Abt. III wird überschlagen, wenn auf Wolfram, Vanadin, Titan und Niob nicht untersucht zu werden braucht.

IV. Man führt die Substanz in der Platinpinzette oder am Platindraht in die nicht leuchtende Flamme.

a) Es tritt Flammenfärbung ein (am besten nach Befeuchten mit HCl oder H_2SO_4) . . . . Nr. 33.

b) Nicht . . . . Abt. V, Nr. 45.

Prüfung auf Basen.

Die Farbe der Flamme erscheint

	für sich	durch das blaue Glas	durch das grüne Glas	bei
Nach Befeuchten mit H_2SO_4 auf kurze Zeit in die Flamme gebracht	33. violett	rotviolett	blaugrün	**Kalium**
	34. orange	desgl.	orangegelb	**Kalium und Natrium**
	35. orange	unsichtbar oder schwach blau	orangegelb	**Natrium**
	36. karminrot	violettrot	unsichtbar	**Lithium**
Wiederholt mit H_2SO_4 befeuchtet, getrocknet und der größten Hitze ausgesetzt	37. gelbgrün	blaugrün	grün	**Baryum** [1]
	38. gelbrot	grünlichgrau	zeisiggrün	**Calcium** [1]
	39. karminrot	purpur	schwach gelb	**Strontium** [1]
	40. grün, nach Befeuchten mit HCl blau			**Kupfer**
	41. grasgrün, siehe Nr. 10			**Thallium**

[1] Anmerkung: Ba, Ca und Sr lassen sich nebeneinander erkennen, wenn man die Probe nach Befeuchten mit HCl naß in die Flamme bringt und das Aufspritzen beobachtet.

Prüfung auf Säuren.

42. gelbgrün, der Baryumflamme ähnlich   **Molybdänsäure**

    42* Sp. Nachw. Gab mit Borax die Reaktionen von Nr. 20.

43. gelbgrün (die Salze sind mit H_2SO_4 anzufeuchten)

                                  Phosphorsäure

    43* Sp. Nachw. Mit Mg oder Na im Glührohr erhitzt, entsteht beim Anfeuchten mit Wasser der Geruch von Phosphorwasserstoff.

44. schön grün ·(die Salze sind mit H_2SO_4 anzufeuchten)

Borsäure

44* Sp. Nachw. Mit $CaFl_2$ und $HKSO_4$ im Platinöhr erhitzt, entsteht die intensiv grüne Flamme von Fluorbor.

Anmerkung.

Auch Salzsäure und Salpetersäure bringen grüne Flammenfärbungen hervor; diese sind aber schwach und vergehen sehr schnell.

Die Flammenfärbungen der schon erkannten Elemente As, Sb, Pb (blau), Zn (grünlichweiß) werden durch die angewandte konzentrierte Schwefelsäure meist beseitigt.

V. Man befeuchtet die Substanz mit Kobaltlösung auf Kohle und glüht sehr kräftig.

45. Blaue, unschmelzbare Masse **Tonerde**

45* Sp. Nachw. Bei Nr. 43 trat keine Flammenfärbung ein; auch entsteht in der Phosphorsalzperle kein Si-Skelett.

46. blaue, unschmelzbare Masse **Phosphorsaure Erden**

46* Sp. Nachw. Bei Nr. 43 zeigte sich eine gelbgrüne Flammenfärbung.

47. blaue, unschmelzbare Masse **Kieselsaure Erden**

47* Sp. Nachw. In der Phosphorsalzperle erzeugt ein Splitter ein Si-Skelett.

48. blaues Glas **Borsaure Alkalien**

48* Sp. Nachw. Bei Nr. 44 zeigte sich eine schön grüne Flammenfärbung.

49. blaues Glas **Phosphorsaure Alkalien**

49* Sp. Nachw. Bei Nr. 43 zeigte sich eine gelbgrüne Flammenfärbung.

50. blaues Glas **Kieselsaure Alkalien**

50* Sp. Nachw. In der Phospsorsalzperle erzeugt ein Splitter ein Si-Skelett.

51. fleischrote Masse **Magnesia**

52. violette Masse **Zirkonerde**

53. grüne Masse **Zinkoxyd, Zinnoxyd, Antimonoxyd**

Titansäure sämtlich schon gefunden.

VI. Man erhitzt die Substanz mit Soda im Glührohr.

54. Metallsublimat, zu Kügelchen vereinbar   **Quecksilber**

    54* Sp. Nachw. Mit $Na_2S_2O_3$ im Glührohr erhitzt, entsteht schwarzes HgS.

55. Geruch nach NH_3 **Ammoniak**

    55* Sp. Nachw. Mit HCl weiße Nebel.

Auffindung der Säuren.

VII. Man erhitzt die Substanz mit saurem Kaliumsulfat im Glührohr.

    a) es bildet sich ein gefärbtes Gas . . . . . . Nr. 56.
    b) „ „ „ „ farbloses, riechendes Gas . . Nr. 62.
    c) „ „ „ „ farb- und geruchloses Gas . Nr. 70.
    d) „ tritt keine Reaktion ein . . . Abt. VIII Nr. 73.

56. Rote Dämpfe, vom Geruch des Stickstoffdioxyds
        Salpetersäure oder salpetrige Säure

    56* Sp. Nachw. Ein in die Röhre geschobener, mit Eisenvitriollösung getränkter Papierstreifen färbt sich braun.
        Salpetersaure Salze verpuffen beim Erhitzen mit gepulvertem Cyankalium auf Platinblech mit Knall und Feuererscheinung.

57. gelbgrünes Gas, wie Chlor riechend   **Chlordioxyd**

    57* Sp. Nachw. Die Substanz verpufft auf Kohle.

58. violetter Dampf, bläut Stärkekleister   **Jod**

    58* Sp. Nachw. Einer kupferoxydhaltigen Phosphorsalzperle zugesetzt, färben Jodverbindungen die Flamme rein grün.

59. vorstehende Reaktion tritt auf Zusatz von Eisenvitriol ein
        Jodsäure

    59* Sp. Nachw. Die Substanz verpufft auf Kohle.

60. rotbrauner Dampf, färbt Stärkekleister gelb   **Brom**

    60* Sp. Nachw. Einer kupferoxydhaltigen Phosphorsalzperle zugesetzt, färben Bromverbindungen die Flamme grünlichblau.

61. dieselbe Reaktion   **Bromsäure**

    61* Sp. Nachw. Die Substanz verpufft auf Kohle.

62. Dämpfe, die mit NH_3 weiße Nebel bilden und den Geruch haben von   **Salzsäure**

    62* Sp. Nachw. Einer kupferoxydhaltigen Phosphorsalzperle zugesetzt, färben Chlorverbindungen die Flamme intensiv blau.

63. stark rauchendes, ätzendes Gas, welches Glas angreift.

Fluorwasserstoff

64. Schwefelwasserstoffgeruch   **Schwefelwasserstoff**

    64* Sp. Nachw. Schwefelmetalle entwickeln in der offenen, schief gehaltenen Glasröhre schweflige Säure, die am Geruch und an der Wirkung auf feuchtes blaues Lackmuspapier kenntlich ist.

65. Geruch nach brennendem Schwefel, keine Ausscheidung von Schwefel   **Schweflige Säure**

66. dieselbe Reaktion mit Schwefelausscheidung

Thioschwefelsäure

67. stechend riechendes Gas, reizt die Augen zu Tränen und trübt Kalkwasser   **Cyansäure**

68. Essiggeruch   **Essigsäure**

69. Blausäuregeruch   **Blausäure**

70. das Gas wird unter Aufbrausen ausgetrieben und trübt Kalkwasser   **Kohlensäure**

71. das Gas brennt mit blauer Flamme   **Kohlenoxydgas**

72. es tritt Verkohlung ein   **Organische Säuren**

VIII. Man erhitzt die Substanz, die auf Kohle mit Soda Hepar bildete, mit Ätzkali im Platinlöffel, stellt das Ganze in ein Gefäſs mit Wasser und legt eine blanke Silbermünze hinein.

73. die Münze bräunt sich nicht   **Schwefelsäure**

    73* Sp. Nachw. Um Schwefelsäure neben Schwefelverbindungen (Nr. 64) nachzuweisen, löst man die Substanz in Wasser, das mit Salpetersäure angesäuert ist, und fällt die Schwefelsäure mit Chlorbaryum.

    Unlösliche Sulfate werden zuvor mit einer Lösung von Natriumcarbonat gekocht, filtriert und angesäuert.

IX. Es sind im Laufe des Ganges schon gefunden:

74. **Phosphorsäure** (Nr. 43), **Borsäure** (Nr. 44), **Kieselsäure** (Nr. 47 und 50).

Systematische Untersuchung zusammengesetzter Körper nach Egleston.

Die Substanz kann enthalten *As, Sb, S, Se, Fe, Mn, Cu, Co, Ni, Pb, Bi, Ag, Au, Hg, Zn, Cd, Sn, Cl, Br, J, CO₂, SiO₂, HNO₃, H₂O* usw.

Man erhitzt die Probe auf Kohle in der Oxydationsflamme, um flüchtige Substanzen wie *As, Sb, Se, Pb, Bi, Cd* usw. zu ermitteln. § 25 ff.

a) Sind flüchtige Stoffe nicht vorhanden, so teilt man etwa die Hälfte der Probe in drei Teile und geht über zu **A**.

b) Sind flüchtige Stoffe zugegen, so erzeugt man einen Beschlag und prüft diesen mit Phosphorsalz und Zinn auf *Sb* (§ 156), oder behufs Unterscheidung von *Pb* und *Bi* nach §§ 155 und 224.

α) Gelber Beschlag, gibt mit Phosphorsalz eine schwarze Perle, verschwindet mit blauer Flamme; gibt an keiner Stelle eine grüne *Sb*-Flamme: **Pb** und **Bi**.

β) Gelber Beschlag, gewöhnlich mit weißem Rand, gibt mit Phosphorsalz eine schwarze oder graue Perle, verschwindet mit blauer Flamme; der Rand verschwindet mit grüner Flamme: **Pb** und **Sb**.

γ) Gelber Beschlag ähnlich wie β, aber keine blaue Flamme gebend: **Bi** und **Sb**.

c) Wenn *As, S, Se, Sb* anwesend sind, röstet man eine größere Menge auf Kohle, bis der Geruch von Arsen oder Schwefeldioxyd verschwunden ist, teilt die Substanz in drei Teile und geht über zu **A**.

A. Behandlung des ersten Teiles.

Man löst eine sehr geringe Menge in Borax am Platindraht in der Oxydationsflamme und beobachtet die Farbe der Perle. Da, wenn mehrere Metalloxyde miteinander verbunden sind, oft nacheinander Gläser von verschiedener Farbe entstehen, so sättigt man eine Perle, stößt sie ab in ein Porzellanschälchen und wiederholt dies einige Male (§ 40).

Man behandelt diese Perlen auf Kohle mit einem Körnchen Blei, Silber oder Gold in starkem Reduktionsfeuer. §§ 193 und 196.

Breitet sich das Glas auf Kohle aus, so muß es durch fortgesetztes Blasen zu einer Perle vereinigt werden. Man entfernt das Korn, solange es heiß ist von der Perle oder, wenn erkaltet, durch einen Schlag mit einem Hammer; alle Bruchstücke werden aufbewahrt. *Fe, Mn, Co* usw. bleiben in der Perle (a). *Ni, Cu, Ag, Au, Sn, Pb, Bi* werden reduziert und vom Metallkorn (b) aufgenommen (*Sn, Pb, Bi*, wenn zugegen, verflüchtigen sich teilweise).

Die Bruchstücke der Perle (a) löst man in Borax am Platindraht.

Ein blaues Glas ergibt: **Co.** Wenn Eisen in großer Menge zugegen ist, fügt man noch Borax hinzu, um Kobalt zu erkennen (§ 192).

Die Perle ist in der O. Fl. dunkelviolett oder schwarz, **Mn.** Wenn nur *Fe* und *Mn*, nicht aber *Co* vorhanden, so erhält man eine fast farblose Perle (R. Fl).

Man prüfe hier auf nassem Wege (§ 73) auf **Cr, Ti, Mo, Nb, W, V.**

Das Metallkorn (b) wird auf Kohle in der O. Fl. erhitzt, bis alles Blei abgetrieben ist, oder dieses wird durch Borsäure (§ 195) entfernt. *Ni, Cu, Ag, Au* bleiben zurück.

Der Rückstand wird auf Kohle (O. Fl.) mit Phosphorsalz versetzt, und das Korn, solange die Perle heiß ist, entfernt.

Eine im kalten Zustande grüne Perle (§ 196) deutet auf **Ni** und **Cu**, eine gelbe auf **Ni**, eine blaue auf **Cu.**

Die blaue Kupferperle wird bei der Reduktion mit Zinn auf Kohle rot (§ 194).

Das Vorhandensein von **Ag** und **Au** wird durch besondere Reaktionen festgestellt.

B. Behandlung des zweiten Teiles.

Man erhitzt die Substanz mit Soda in der R. Fl. und beobachtet, ob sich *Zn, Cd, Sn* zu erkennen geben. Entsteht ein weißer Beschlag, so ist mit Kobaltlösung zu prüfen (§ 71).

C. Behandlung des dritten Teiles.

Man löst etwas von der Substanz in Phosphorsalz auf Platindraht (Oxydationsflamme), sieht nach, ob SiO_2 zugegen ist und prüft auf **Mn** mit Salpeter (§ 201).

Spezielle Reaktionen.

1. Um einen Gehalt an **As** festzustellen, erhitzt man die Probe mit Soda reduzierend auf Kohle oder mit trockener Soda im Glührohr (§ 160 ff.).

2. Man löst in Phosphorsalz auf Platindraht in der O. Fl. (vorausgesetzt, daß die Probe weder ein Metall ist noch Schwefel enthält, und untersucht auf **Sb** mit Zinn auf Kohle in der R. Fl. (§ 156).

3. Prüfung auf **Se** auf Kohle (§ 212).

4. Bei Abwesenheit von *Se* schmilzt man die Probe mit Soda in der R. Fl. und prüft auf **S** mit Silberblech (§ 209). Ist *Se* gegenwärtig, so erkennt man *S* in der offenen Röhre (§ 14). Behufs Unterscheidung von *S* und H_2SO_4 siehe § 210.

5. Prüfung auf **Hg** durch Erhitzen mit trockener Soda in der einseitig geschlossenen Röhre (Nr. 38 der Tabelle).

6. Man mengt einen Teil der Substanz mit Probierblei und Boraxglas und erhitzt auf Kohle in der R. Fl. Das Bleikorn wird zur Erkennung von **Ag** abgetrieben (§ 215). **Au** läßt sich mit Hilfe von Salpetersäure nachweisen (§ 188).

7. Prüfung auf **Cl, Br** und **J** mit Hilfe einer kupferoxydhaltigen Phosphorsalzperle (§§ 172, 170, 189).

8. Prüfung auf **Cl, Br** mit saurem Kaliumsulfat (§ 74 und 75).

9. Prüfung auf $\mathbf{H_2O}$ im Glührohr (§ 9).

10. Prüfung auf **Flammenfärbung** (§ 41).

11. Prüfung auf $\mathbf{CO_2}$ mit Salzsäure.

12. Prüfung auf $\mathbf{HNO_3}$ mit saurem Kaliumsulfat (§ 208).

13. Prüfung auf **Te** (§ 217).

Tabellen.

Übersicht der Lötrohrreaktionen.

Nach den Erscheinungen geordnet.

Behandlung der Substanz	Man achtet und schließt auf:
1. Im Glührohr	**Wasserabgabe:** Kristallwasser, alkalische Reaktion $= NH_3$; saure Reaktion $=$ flüchtige Säuren. **Gasentwickelung:** O, SO_2, H_2S, NO_2, CO_2, CO, CN, NH_3, HF, J, Br. **Sublimatbildung:** weiß $= NH_4Cl$, Hg_2Cl_2, $HgCl_2$, Sb_2O_3, As_2O_3, TeO_2; grauschwarz $= As$, Hg, Te; farbige: (heiß) gelbbraun, (kalt) gelb $= S$; (heiß) schwarz, (kalt) rotbraun $=$ Antimonsulfide (heiß) braunrot, (kalt) rotgelb $=$ Arsensulfide; schwarz, beim Reiben rot $=$ Zinnober; rötlichschwarz (dunkelrotes Pulver) $= Se$. **Farbenwechsel:** weiß, gelb, weiß $= ZnO$; weiß, gelb, braun, hellgelb $= SnO_2$; weiß, braunrot, gelb $= PbO$; weiß, orange, blaßgelb $= Bi_2O_3$; rot, schwarz, rot (flüchtig) $= HgO$; (nicht flüchtig) $= Fe_2O_3$; rot, gelb, rot $= HgJ_2$; gelb, rot, gelb $= CdS$. **Schmelzen:** Alkalisalze. **Verkohlen:** Organische Substanzen. **Phosphorescenz:** Alkalische Erden, Erden, ZnO, SnO_2. **Ammoniakentwickelung beim Erhitzen mit Soda:** Ammonium- und organische Stickstoffverbindungen.

Übersicht der Lötrohrreaktionen.
Nach den Erscheinungen geordnet.

Behandlung der Substanz	Man achtet und schließt auf:
2. In der offenen Röhre	**Geruch:** nach SO_2 = S und Sulfide; nach faulem Rettich = Se und Selenmetalle (stahlgraues Sublimat mit rotem Anflug). **Sublimatbildung:** weiß, kristallinisch = As. Metallkügelchen = Hg. Weißer Rauch, Sublimat z. T. flüchtig = Sb. Weißer Rauch, Sublimat zu farblosen Tropfen schmelzbar = Te.

3. Auf Kohle für sich	**Schmelzbar:** Von nicht metallischen Körpern = Alkali- und einige Erdalkalisalze.
	Von Metallen: leicht = Sb, Pb, Cd, Te, Bi, Zn, Sn;
	schwer = Cu, Au, Ag.
	Unschmelzbar: Von nicht metallischen Körpern = Salze der Erden und alkalische Erdmetalle, SiO_2.
	Von Metallen Fe, Co, Ni, Mo, Pt, Ir, Rh, Os, W.
	Verpuffen: Nitrate, Chlorate, Jodate und Bromate.
	Aufblähen: Wasserabgabe, Borate und Alaun.
	Geruch: S, As, Se.
	Flammenfärbung: gelb = Na;
	gelbrot = Ca;
	rot = Li, Sr;
	grün = Ba, B_2O_3, P_2O_5, MoO_3, Cu;
	blau = $CuCl_2$, Se, As, Pb;
	violett = K.

Nach den Erscheinungen geordnet.

Behandlung der Substanz	Man achtet und schließt auf:
3. Fortsetzung	**Metallreduktion und Beschlag:**

1. Korn ohne Beschlag:

glänzend = weiß: Ag, gelb: Au, rot: Cu;

graues Pulver = magnetisch: Fe Co, Ni; nicht magnetisch: Mo, W, Zr, Rh; im Achatmörser weiße Metallflitter: Pt, Pd.

2. Korn mit Beschlag:

Beschlag bläulichweiß, flüchtig; Korn weiß, spröde = Sb;

„ heiß: orange, kalt: zitronengelb; Korn rötlichweiß, spröde = Bi;

„ heiß: zitronengelb, kalt: schwefelgelb; Korn grau, geschmeidig = Pb;

„ heiß: gelblich, kalt: weiß; Korn weiß, geschmeidig = Sn;

„ dicht bei der Probe dunkelrot; Korn weiß, geschmeidig, glänzend = Ag.

3. Beschlag ohne Korn:

Beschlag weiß, flüchtig = As;

„ heiß: gelb, kalt: weiß = Zn;

„ rötlichbraun, bunt angelaufen = Cd;

„ stahlgrau = Se;

„ weiß mit rotem Rand = Te;

„ heiß: gelb, kalt: weiß; beim Anblasen erst blau, dann dunkelrot = Mo (entsteht nur im Oxydationsfeuer).

Übersicht der Lötrohrreaktionen.

Nach den Erscheinungen geordnet.

Behandlung der Substanz	Man achtet und schließt auf:				
4. Auf Kohle mit Soda	**Hepar:** schwefelsaure Salze und Sulfide. **Metallreduktion und Beschlag** wie 3.				

5. Auf Platin-draht mit Borax	Farbe der Perle	Oxydationsflamme		Reduktionsflamme	
		heiß	kalt	heiß	kalt
	gelb (schwach gesättigt)	Fe, U, Ce, Cr, Mo		Ti, Mo	Ti
	gelb (stark gesättigt)	V, Ti, W, Pb, Bi, Sb, Zn, Cd	Fe, U, Ce	W	
	rot (stark gesättigt)	Fe, Ce, U, Cr, Mo			Cu (undurch-sichtig, b. l. Bl. farblos)
	braun		Ni	Mo, V, Ti, (stark gesättigt)	W, Mo, Ti (stark gesättigt)
	violett	Mn, Ni	Mn		
	blau	Co	Co, Cu	Co	Co
	grün	Cu	Cr, V	Fe, U, Cr	Fe, V, U, Cr

Übersicht der Lötrohrreaktionen.
Nach den Erscheinungen geordnet.

Behandlung der Substanz	Man achtet und schließt auf:				
	Farbe der Perle	Oxydationsflamme		Reduktionsflamme	
		heiß	kalt	heiß	kalt
6. Auf Platindraht mit Phosphorsalz	gelb (schwach gesättigt)	Fe, U, V, Ce, Ag	V, Ni	Ti, Fe	Ni
	gelb (stark gesättigt)	U, V, W, Ti, Ag, Pb, Bi, Sb, Zn, Cd	V, Ni	Ti	Ni
	rot (schwach gesättigt)	Ni, Cr		Cr	Cu (b. l. Bl. farbl.)
	rot (stark gesättigt)	Fe, Ce, Ni, Cr	Fe (bräunlich)	Fe, Cr, Ni	Cu (b. l. Bl. farbl.)
	braun			V	
	violett	Mn	Mn		Ti
	blau	Co	Co, Cu	Co	Co, W
	grün	Cu, Mo	U, Cr, Mo	U, Cu, Mo, W	U, Mo, Cr, V
	Kieselskelett $= SiO_2$				
7. Auf Platindr. nach Befeucht. mit HCl erhitzt	**Flammenfärbung:** gelb = Na, durch blaues Glas unsichtbar bis blau; durch grünes orange; gelbrot = Ca, verhindert durch Ba; durch blaues Glas grüngrau; durch grünes Glas zeisiggrün.				

10*

Übersicht der Lötrohrreaktionen.

Nach den Erscheinungen geordnet.

Behandlung der Substanz	Man achtet und schließt auf:
7. (Fortsetzung)	**rot** = Li, verhindert durch Na; durch blaues Glas violett; durch grünes Glas unsichtbar; **rot** = Sr, verhindert durch Ba; durch blaues Glas violettrot; durch grünes Glas verschwindend gelblich; **grün** = B_2O_3 [1]); P_2O_5 [1]); MoO_3 [1]); Tl; Ba (durch grünes Glas blaugrün); **blau** = Cu (später grün), In, Se, As, Pb, Sb; **violett** = K, verhindert durch Na; durch blaues Glas purpurrot; durch grünes Glas blaugrün.

[1]) Am besten nach Befeuchten mit H_2SO_4.

8. Spektro-skopische Beobachtung	Violett	Indigo	Blau	Grün	Gelb	Orange	Rot
Na					5896		
K	**4044** β						**7665** α **7699**
Cs			**4555** α **4593** β	5635 5664	5845	6011 δ 6213 γ	6724 6974
Rb	**4202** α **4215** β			5648 5724		6207 6299	**7811** γ **7950** δ
Li					6104		**6708** α
BaO			4874	**5090** β **5216** α **5347** δ 5493 **5536** γ 5648 5720	5769 5825 5868 5935	**6032** ε 6109 6179 6240 6298 6450	
BaCl$_2$				5137 β (5172 5206) 5243 α 5314 γ			

Übersicht der Lötrohrreaktionen.

Nach den Erscheinungen geordnet.

Behandlung der Substanz	Man achtet und schließt auf:						
Spektroskopische Beobachtung	Violett	Indigo	Blau	Grün	Gelb	Orange	Rot
(Fortsetzung) 8. SrO	. . . .	. . . . .	4607 δ	. . . .	. . . . .	**6060** α 6465	6499 6628 β 6747 γ 6863 6599 6730
SrCl$_2$	. . . .	. . . . .	. . . .	. . . .	. . . . .	6351 . . . . . 5996 6221	
CaO	. . . .	4227 . .	. . . .	5518 5544	. . . . .	5934 (6045 6069)	
CaCl$_2$	. . . .	4227 . .	. . . .	5518 5544	5817	(6182 6203) 6466	
Tl	. . . .	. . . . .	. . . .	**5351**			
In	4102	**4511** α					

9. Auf Platindraht m. Soda in der Oxydationsflamme

geschmolzene weiße Perle: Si, Ti, W, Mo (Ba);

geschmolzene gelbe Perle: Cr, V, (Bi), (Pb);

geschmolzene grüne Perle: Mn (am besten mit Soda und Salpeter).

10. Auf Kohle mit Kobaltsolution.

blaue, unschmelzbare Masse = Al$_2$O$_3$, SiO$_2$ und phosphorsaure und kieselsaure Erden;

blaues Glas = phosphorsaure, borsaure und kieselsaure Alkalien;

grüne Masse = ZnO, TiO$_2$, SnO$_2$, Sb$_2$O$_3$;

fleischrote Masse = MgO;

Übersicht der Lötrohrreaktionen.

Nach den Erscheinungen geordnet.

Behandlung der Substanz	Man achtet und schließt auf:
10. (Fortsetz.)	**braune Masse** $=$ BaO; **graue Masse** $=$ BeO, CaO, SrO; **violette Masse** $=$ ZrO_2.
11. Mit entwässertem $Na_2S_2O_3$ im Glührohr	**weiß** $=$ ZnO; **gelb** $=$ As_2O_3, CdO (kalt); **grün** $=$ Cr_2O_3, MnO; **rot** $=$ Sb_2O_3 (bei gelinder Hitze), CdO (heiß); **braun** $=$ SnO_2; **schwarz** $=$ PbO, Fe_2O_3, CoO, CuO, NiO, UO_3, Bi_2O_3, Ag_2O, HgO, Sb_2O_3 (bei starker Hitze).
12. Mit H_2SO_4 oder $HKSO_4$ im Kölbchen	**farbige Dämpfe:** braune $=$ N_2O_3; gelbgrüne $=$ ClO_2, violette $=$ J, rotbraune $=$ Br; **riechende Gase:** SO_2, HCl, HF, H_2S; **farb- und geruchlose Gase:** CO_2, CO.

Übersicht der Lötrohrreaktionen.

Nach den Erscheinungen geordnet.

Behandlung der Substanz	Man achtet und schließt auf:
18. Mit Jodschwefel oder einer Lösung von Jod in Rhodankalium a) auf der Gipsplatte erhitzt b) auf Kohle	**Gelber Beschlag:** Pb, As (eigelb), Tl (eigelb, mit schwarzem Rande), Ag und in geringerem Grade viele Metalle; **gelb und scharlach** $= Hg$; **orange bis rot** $= Sb$; **bräunlichgelb** $= Sn$; **rotbraun** $= Se$; **schwarzbraun** $= Te$; **schokoladenbraun** $= Bi$ (mit rotem Anflug); **tiefblau** $= Mo_2O_5$; **grünlichblau** $= W_2O_5$; **weiß** $= Cu, Cd, Zn.$ **feuerrot** $= Bi.$
14. Mit Zn und HCl nach vorheriger Aufschließung	**Die Flüssigkeit färbt sich:** blau—grün—schwarzbraun $= MoO_3$, blau $= WO_3$, blau—grün—violett $= V_2O_5$, grün $= CrO_3$, violett $= TiO_2$, blau—braun $= Nb_2O_5.$

Tabellarische Übersicht

des Verhaltens der Alkalien, Erden und Metalloxyde für sich und zu Reagentien im Lötrohrfeuer.

(Aus Plattners Probierkunst mit dem Lötrohr, mit Nachträgen.)

Alkalien	Verhalten für sich auf Platindraht	Verhalten für sich auf Platinblech	Sonstiges Verhalten
1. Kalium-oxyd	Färbt, wenn es mit der Spitze der blauen Flamme geschmolzen wird, die äußere Flamme violett. — Eine geringe Beimengung von Na verhindert die Reaktion; neben Na und Li wird K durch das blaue Glas an der rot-violetten Farbe erkannt. § 48.	—	a) Spektrum: Zwei rote Linien, bei schwacher Dispersion zusammenfließend, und eine schwächere im Violett. b) Gute mikrochemische Reaktion mit Platinchlorid.
2. Natrium-oxyd	Färbt, wenn es mit der Spitze der blauen Flamme geschmolzen wird, die äußere Flamme stark rötlichgelb. Eine Beimengung von K, selbst wenn sie sehr bedeutend ist, verhindert diese Reaktion nicht.	—	a) Spektrum: Gelbe Doppellinie, bei schwacher Dispersion zusammenfließend. b) Gute mikrochemische Reaktion mit Uranylacetat.
3. Lithium-oxyd	Färbt, wenn es mit der Spitze der blauen Flamme geschmolzen wird, die äußere Flamme karminrot. — Selbst eine bedeutende Beimengung von K verhindert diese Reaktion nicht; wohl aber eine nur geringe Beimengung von Na, und die Flamme erscheint mehr oder weniger rötlichgelb. § 50.	Auf Platinblech geschmolzen, verursacht es, daß das Platin rund um die Stelle, welche von dem Alkali bedeckt wird, dunkelgelb anläuft. Die hervorgebrachte Reaktion verschwindet, wenn die Stelle mit Wasser gewaschen und das Metall geglüht wird; es hat aber seine Politur verloren und glänzt matt, was besonders beim Glühen zu erkennen ist.	a) Spektrum: Eine intensive Linie im Rot und eine schwächere im Orange.
4. Ammo-niak	Färbt in seinen Verbindungen mit Salpetersäure, Schwefelsäure und Chlor die äußere Flamme schwach grünlich.	—	a) Läßt sich durch seinen eigentümlichen Geruch erkennen und färbt gerötetes Lackmuspapier blau. b) Gute mikrochemische Reaktion mit Platinchlorid.

Erden	Verhalten für sich auf Kohle und in der Pinzette	Verhalten zu Borax auf Platindraht	Verhalten zu Phosphorsalz auf Platindraht	Verhalten zu Soda auf Kohle	Sonstiges Verhalten
5. Baryumoxyd	Das Hydrat schmilzt, kocht und schwillt an, gesteht auf der Oberfläche und zieht sich dann mit heftigem Kochen in die Kohle. Das Carbonat schmilzt zum klaren Glase, das unter der Abkühlung emailweifs wird. — Bei wiederholter Schmelzung kommt es ins Kochen, spritzt um sich, wird kaustiziert und von der Kohle eingesogen. In der Pinzette erhitzt, gelblichgrüne Flammenfärbung.	Das Carbonat ist unter Brausen zu einem klaren Glase auflöslich, das bei einem gewissen Zusatze emailweifs geflattert werden kann und bei einem gröfsern Zusatze unter der Abkühlung von selbst emailweifs wird.	Wie zu Borax.	Schmilzt mit der Soda zusammen und wird von der Kohle eingesogen.	a) Zu Kobaltlösung: Zu einer braunroten Kugel zusammenschmelzbar, die unter der Abkühlung ihre Farbe verliert und an der Luft zu einem hellgrauen Pulver zerfällt. Ist die Kobaltlösung sehr verdünnt, so erscheint die Kugel nur schwach braun. b) Spektrum: Bandenspektrum, sechs Banden im Grün, drei im Gelb, drei im Orange, aufserdem eine Linie im Blau.
6. Strontiumoxyd	Das Hydrat verhält sich gleich dem des Baryums. Das Carbonat schmilzt auf Kohle nur an den äufsersten Kanten und schwillt blumenkohlartig auf. Die Verzweigungen geben ein glänzendes Licht und bei der Behandlung mit der Reduktionsflamme einen roten Schein; auch reagieren sie nach der Abkühlung alkalisch. In der Pinzette erhitzt, färbt es die äufsere Flamme purpurrot (vergl. § 53).	Wie Baryumoxyd.	Wie Baryumoxyd.	Strontianerde ist unauflöslich. Das Carbonat, mit dem gleichen Volumen Soda gemengt, schmilzt zu einem klaren Glase, das bei der Abkühlung milchweifs wird. In stärkerem Feuer gerät das Glas ins Kochen, die Erde wird kaustiziert und geht in die Kohle. Ein gröfserer Zusatz wird nicht gelöst, wird aber kaustiziert und geht in die Kohle.	a) Zu Kobaltlösung: Sintert und nimmt eine schwarze oder dunkelgraue Farbe an. b) Spektrum: Vier rote Banden scharf nach Rot, abschattiert nach Violett. Im Orange eine intensive Linie und eine Bande, im Blau eine starke Linie.

Erden	Verhalten für sich auf Kohle und in der Pinzette	Verhalten zu Borax auf Platindraht	Verhalten zu Phosphorsalz auf Platindraht	Verhalten zu Soda auf Kohle	Sonstiges Verhalten
7. Calcium-oxyd	Kaustischer Kalk schmilzt und verändert sich nicht. Das Carbonat wird kaustisch, weifser von Farbe, leuchtet stärker im Feuer, reagiert dann alkalisch und fällt, wenn ein ganzes Stückchen angewendet wurde, bei der Befeuchtung mit Wasser zu Pulver. In der Pinzette erhitzt, ziegelrote Flammen-färbung (vergl. § 52).	Leicht auflöslich zum klaren Glase, das unklar geflattert werden kann. Das Carbonat unter Brausen auflöslich. Ein gröfserer Zusatz gibt ein klares Glas. das unter der Abkühlung unklar und kristallinisch wird.	In grofser Menge (das Carbonat mit Brausen) zu einem klaren Glase auflöslich, das, wenn es ziemlich gesättigt ist, unklar geflattert werden kann. Bei vollkommener Sättigung wird das klare Glas unter der Abkühlung milchweifs.	Unauflöslich. Die Soda geht in die Kohle und läfst die Kalkerde zurück.	a) **Zu Kobalt-lösung:** Zeigt sich völlig unschmelzbar und wird grau. b) **Spektrum:** Zwei Banden im Orange, eine im Gelb, zwei im Grün und eine Linie im Indigo. c) Gute mikrochemische Reaktion mit Schwefel-säure.
8. Magne-siumoxyd (Talkerde)	Das Carbonat wird zersetzt, leuchtet dann im Feuer und reagiert alkalisch.	Wie Calcium, das Glas wird aber nicht so stark kristallinisch.	Leicht (das Carbonat mit Brausen) zum klaren Glase auflöslich, das unklar geflattert werden kann und bei vollkommener Sättigung unter der Abkühlung von selbst milchweifs wird.	Wie Calcium.	a) **Zu Kobaltlösung:** Nimmt nach langem Blasen in der Oxyd.-F. eine fleischrote Farbe an, die nach der völligen Abkühlung erst richtig gesehen werden kann. Das Phosphat und Arsenat schmelzen und nehmen eine rötlichviolette Farbe an. b) Gute mikrochemische Reaktion mit Natriumphosphat oder Phosphorsalz.
9. Alumini-umoxyd (Tonerde)	Unveränderlich.	Langsam zum klaren Glase auflöslich, das weder durch Flattern, noch bei vollkomme-	Ebenfalls langsam zum klaren Glase löslich, das stets klar bleibt. Bei einem zu	Nicht löslich; die Soda geht in die Kohle.	**Zu Kobaltlösung:** Erhält nach starkem Blasen eine schöne blaue Farbe, deren In-

Erden	Verhalten für sich auf Kohle und in der Pinzette	Verhalten zu Borax auf Platindraht	Verhalten zu Phosphorsalz auf Platindraht	Verhalten zu Soda auf Kohle	Sonstiges Verhalten
9. (Forts.)		ner Sättigung unter der Abkühlung unklar wird. Wenn viel in feinem Pulver zugesetzt wird, so entsteht ein unklares Glas, dessen Oberfläche bei der Abkühlung kristallinisch wird und kaum mehr schmilzt.	grofsen Zusatze wird das Ungelöste halb durchsichtig.		tensität bei der Abkühlung erst richtig zum Vorschein kommt.
10. Berylliumoxyd	Unveränderlich.	In grofser Menge zum klaren Glase auflöslich, das durch Flattern und bei völliger Sättigung unter der Abkühlung von selbst milchweifs wird.	Wie zu Borax.	Unauflöslich.	Zu Kobaltlösung: Nimmt eine hellbläulichgraue Farbe an.
11. Yttriumoxyd	Unveränderlich. Die Masse leuchtet stark.	Wie Beryllium.	Wie Beryllium.	Unauflöslich.	—
12. Erbiumoxyd	Unschmelzbar; leuchtet mit grünlichem Lichte.	Löst sich etwas träge zu einem klaren, farblosen Glase auf, das durch Flattern und bei völliger Sättigung unter der Abkühlung von selbst milchweifs wird.	Wie zu Borax.	Unauflöslich.	—

Erden	Verhalten für sich auf Kohle und in der Pinzette	Verhalten zu Borax auf Platindraht	Verhalten zu Phosphorsalz auf Platindraht	Verhalten zu Soda auf Kohle	Sonstiges Verhalten
13. Zirkoniumoxyd	Unschmelzbar. Zeigt bei starkem Glühen ein ungewöhnlich blendendes Licht.	Wie Berylliumoxyd.	Löst sich etwas träger als im Borax und gibt schneller ein unklares Glas.	Unauflöslich.	**Zu Kobaltlösung:** Bekommt eine schmutzig - violette Farbe.
14. Thoriumoxyd	Unveränderlich.	In geringer Menge zu einem klaren Glase auflöslich, das bei völliger Sättigung unter der Abkühlung milchweifs wird, das aber, wenn es nach dem Erkalten klar erscheint, nicht unklar geflattert werden kann.	Wie zu Borax.	Unauflöslich.	—
15. Kieselerde oder Kieselsäure	Unveränderlich.	Langsam zu einem klaren, schwer schmelzbaren Glase auflöslich, das nicht unklar geflattert werden kann.	In ganz geringer Menge zum klaren Glase löslich und nicht nachzuweisen. Splitter hinterlassen in der Regel einen ungelösten Rückstand, der als halbdurchsichtige Masse (Kieselskelett) in der klaren Perle schwimmt.	Unter starkem Brausen zum klaren Glase löslich.	**Zu Kobaltlösung:** Mit wenig Kobaltlösung schwach bläuliche Farbe, die durch einen gröfseren Zusatz vom Reagens schwarz oder dunkelgrau wird. Dünne Kanten schmelzen im heftigsten Feuer zum rötlichblauen Glase.

Metalloxyde	Verhalten für sich auf Kohle und in der Pinzette	Verhalten zu Borax auf Platindraht	Verhalten zu Phosphorsalz auf Platindraht	Verhalten zu Soda auf Kohle	Sonstiges Verhalten
16. Antimonoxyd	Oxyd.-F. Entfernt sich von der Stelle, wo es hingelegt wurde, und breitet sich zum Teil auf einer andern aus. Red.-F. Wird reduziert und verflüchtigt. Die Kohle wird dabei meist mit Antimonoxyd beschlagen; auch ist eine grünlichblaue Färbung der äufseren Flamme wahrzunehmen.	Oxyd.-F. In grofser Menge zum klaren Glase auflöslich, das, so lange es heifs ist, gelblich und nach dem Erkalten farblos erscheint. Red.-F. Das im Oxydationsfeuer nur kurze Zeit behandelte Glas wird auf Kohle grau und trübe von reduzierten Antimonteilchen; diese verflüchtigen sich aber bei längerem Blasen, und das Glas wird klar. Mit Zinn wird das Glas grau bis schwarz.	Oxyd.-F. Unter Kochen zum klaren, in der Wärme nur schwach gelblich erscheinenden Glase auflöslich. Red.-F. Auf Kohle wird das gesättigte Glas anfangs trübe, später aber wiederklar, indem das Antimon reduziert und verflüchtigt wird. Mit Zinn behandelt, wird das Glas unter der Abkühlung grau von reduziertem Antimon, nach längerem Blasen aber wieder klar. Auch wenn das Glas sehr wenig Antimonoxyd aufgelöst enthält, bringt Zinn eine grauliche Trübung hervor.	Auf Kohle im Oxydations- und Reduktionsfeuer sehr leicht reduzierbar; das Metall raucht aber sogleich fort und beschlägt die Kohle weifs mit Antimonoxyd.	a) Zu Natriumthiosulfat: Rote, nach stärkerem Erhitzen schwarze Schmelze. b) Jodidbeschlag: Orangerot. c) Zu Kobaltlösung: Wird ein auf Kohle gebildeter Beschlag von Antimonoxyd mit Kobaltsolution befeuchtet und hierauf im Oxydationsfeuer geglüht, so verflüchtigt sich zwar ein Teil des Beschlages, aber ein anderer Teil bleibt höher oxydiert zurück und erscheint nach völligem Erkalten schmutzig bläulichgrün.
17. Arsentrioxyd	Verflüchtigt sich schon unter der Rotglühhitze.	—	—	Auf Kohle wird es unter Entwicklung von Arsendämpfen reduziert, die sich durch einen starken knoblauchartigen Geruch zu erkennen geben.	—
18. Bleioxyd	Mennige auf Platinblech erhitzt, färbt sich schwarz und verwan-	Oxyd.-F. Leicht zum klaren gelben Glase auflöslich, das	Oxyd.-F. Wie zu Borax. Es ist aber eine gröfsere Menge	Oxyd.-F. Auf Platindraht leicht zu einem klaren Glase	a) Zu Natriumthiosulfat: Schwarze Schmelze.

Metalloxyde	Verhalten für sich auf Kohle und in der Pinzette	Verhalten zu Borax auf Platindraht	Verhalten zu Phosphorsalz auf Platindraht	Verhalten zu Soda auf Kohle	Sonstiges Verhalten
18. (Forts.)	delt sich bei anfangendem Glühen in gelbes Oxyd; bei stärkerer Hitze schmilzt es zum gelben Glase. Auf Kohle in d. Oxyd.- u. Red.-F. werden Bleiverbindungen zu metallischem Blei reduziert, das sich bei fortgesetztem Blasen verflüchtigt und die Kohle mit gelbem Oxyd beschlägt; auch bildet sich hinter dem gelben Beschlag noch ein dünner weifser, welcher von Bleicarbonat herrührt. Im Red.-F. verschwinden diese Beschläge mit einem azurblauen Scheine.	unter der Abkühlung farblos wird, bei einem grofsen Zusatze unklar geflattert werden kann und bei einem noch gröfseren Zusatze unter der Abkühlung von selbst unklar und emailgelb wird. Red.-F. Auf Kohle breitet sich das oxydhaltige Glas aus und wird trübe; bei fortgesetztem Blasen reduziert sich das Bleioxyd unter Aufbrausen zu metallischem Blei, und das Glas wird wieder klar.	von Oxyd nötig, um ein Glas zu erlangen, welches, während es noch heifs ist, gelb erscheint. Red.-F. Das oxydhaltige Glas wird auf Kohle grau und trübe. Bei einem starken Zusatze von Oxyd wird die Kohle mit gelbem Oxyd beschlagen. Durch Zinn wird das Glas trüber und dunkler, aber nie ganz undurchsichtig.	auflöslich, das unter der Abkühlung gelblich und undurchsichtig wird. Red.-F. Auf Kohle wird es sofort zu metallischem Blei reduziert, welches bei fortgesetztem Blasen die Kohle mit Oxyd beschlägt.	b) Jodidbeschlag: Chromgelb.
19. Cadmiumoxyd	Oxyd.-F. Auf Platinblech unveränderlich. Red.-F. Auf Kohle rund umher rotbrauner bis dunkelgelber pulverartiger Beschlag, dessen Farbe erst nach völligem Erkalten richtig gesehen werden kann. Von dem Beschlage aus läuft die Kohle pfauenschweifig bunt an.	Oxyd.-F. In grofser Menge zu einem klaren, gelblichen Glase auflöslich, dessen Farbe unter der Abkühlung beinahe verschwindet. Bei starker Sättigung kann das Glas milchweifsgeflattert werden, und bei noch stärkerer Sättigung wird es unter der Abkühlung von selbst emailweifs. Red.-F. Auf Kohle	Oxyd.-F. In sehr grofser Menge zum klaren Glase auflöslich, das bei einem starken Zusatze heifs gelblich, nach der Abkühlung aber farblos erscheint und, wenn es gesättigt ist, unter der Abkühlung milchweifs wird. Red.-F. Auf Kohle wird das aufgelöste Oxyd langsam und un-	Oxyd.-F. Unauflöslich. Red.-F. Auf Kohle wird es sogleich reduziert; das Metall verflüchtigt sich und beschlägt die Kohle mit rotbraunem und dunkelgelbem Oxyd. Weiter entfernt läuft die Kohle pfauenschweifig bunt an.	a) Zu Natriumthiosulfat: Heifs rote, kalt gelbe Schmelze, welche während der Abkühlung alle Schattierungen von rot bis gelb durchläuft. b) Jodidbeschlag: Auf Kohle weifs.

Metalloxyde	Verhalten für sich auf Kohle und in der Pinzette	Verhalten zu Borax auf Platindraht	Verhalten zu Phosphorsalz auf Platindraht	Verhalten zu Soda auf Kohle	Sonstiges Verhalten
19. (Forts.)		kommt das oxydhaltige Glas zum Kochen; das Cadmium wird reduziert, das Metall verflüchtigt sich aber sofort und beschlägt die Kohle mit dunkelgelbem Oxyd.	vollständig reduziert. Das reduzierte Metall beschlägt die Kohle schwach mit dunkelgelbem Oxyd, dessen Farbe erst nach dem Erkalten richtig zum Vorschein kommt. Ein Zusatz von Zinn beschleunigt die Reduktion.		
20. Ceroxyd	Das Sesquioxyd verwandelt sich im Oxydationsfeuer in Dioxyd; dieses bleibt im Reduktionsfeuer unverändert.	Oxyd.-F. Zum dunkelgelben bis roten Glase auflöslich (ähnlich wie Eisenoxyd); die Perle wird aber unter der Abkühlung gelb. Bei einer gewissen Sättigung kann das Glas emailartig geflattert werden, und bei stärkerer Sättigung wird es unter der Abkühlung von selbst emailartig. Red.-F. Ein gelbgefärbtes Glas wird farblos. Ein stark gesättigtes Glas wird unter der Abkühlung emailweifs und kristallinisch.	Oxyd.-F. Wie zu Borax; die Farbe verschwindet aber ganz bei der Abkühlung. Red.-F. Das Glas erscheint sowohl heifs als kalt ganz farblos, wodurch sich das Ceroxyd vom Eisenoxyd unterscheidet. Bei keiner Sättigung wird das Glas unter der Abkühlung unklar.	Unauflöslich.	Fügt man zur Lösung einer Cerverbindung erst Wasserstoffsuperoxyd und dann sehr verdünntes Ammoniak, so entsteht ein dunkelorange gefärbter Niederschlag. Cerium löst sich in verdünnten Säuren.

Metalloxyde	Verhalten für sich auf Kohle und in der Pinzette	Verhalten zu Borax auf Platindraht	Verhalten zu Phosphorsalz auf Platindraht	Verhalten zu Soda auf Kohle	Sonstiges Verhalten
21. Chrom-oxyd	Im Oxydations- und Reduktionsfeuer unveränderlich.	Oxyd.-F. Löst sich langsam auf, färbt aber intensiv. Bei einem geringen Zusatz erscheint das Glas, so lange es heifs ist, gelb (Chromsäure), kalt aber gelbgrün; bei einem gröfseren Zusatz heifs dunkelrot, wird aber unter der Abkühlung gelb und bei völligem Erkalten schön gelblichgrün. Red.-F. Das wenig gesättigte Glas ist heifs und kalt schön grün (Oxyd). Von einem gröfseren Zusatz wird es dunkler oder rein smaragdgrün. Zinn bringt weiter keine Veränderung hervor.	Oxyd.-F. Zum klaren Glase auflöslich, das, so lange es heifs ist, rötlich erscheint, unter der Abkühlung aber eine schmutzig grüne und beim völligen Erkalten eine schön grüne Farbe annimmt. Red.-F. Wie im Oxydationsfeuer. Die Farben erscheinen aber etwas dunkler; ebenso auch mit Zinn.	Oxyd.-F. Auf Platindraht zu einem dunkelbraungelben Glase auflöslich, das unter der Abkühlung undurchsichtig gelb wird (Chromsäure). Red.-F. Das Glas wird undurchsichtig und unter der Abkühlung grün (Oxyd). Auf Kohle kann es nicht zu Metall reduziert werden; es bleibt, während die Soda in die Kohle geht, als Oxyd mit grüner Farbe zurück.	a) Zu Natriumthio-sulfat: Grüne Schmelze. b) Mit Zink und Salzsäure färbt sich die Lösung grün.
22. Didym-oxyd (Neodym- u. Praseodym-oxyd)	Unveränderlich.	Oxyd.-F. Zum klaren farblosen Glase löslich. Red.-F. Nur bei starker Sättigung wird die Perle schwach rosa gefärbt.	Oxyd.-F. Wie zu Borax. Red.-F. Bei starker Sättigung erscheint die Perle nach längerem Blasen im durchfallenden Lichte violett.	Unauflöslich; die Soda geht in die Kohle.	Spektrum: Die Phosphorsalz-perle und die Lösungen zeigen ein charakteristisches Absorptionsspektrum. Die beiden schwer voneinander zu trennenden Metalle lösen sich leicht in Säuren.
23. Eisen-oxyd	Oxyd.-F. Unveränderlich.	Oxyd.-F. Von einem geringen Zusatze erscheint das heifse Glas gelb, das kalte farblos;	Oxyd.-F. Von einem gewissen Zusatze erscheint das heifse Glas gelblichrot, wird aber	Oxyd.-F. Unauflöslich.	a) Zu Natriumthio-sulfat: Schwarze Schmelze.

Metalloxyde	Verhalten für sich auf Kohle und in der Pinzette	Verhalten zu Borax auf Platindraht	Verhalten zu Phosphorsalz auf Platindraht	Verhalten zu Soda auf Kohle	Sonstiges Verhalten
23. (Forts.)	Red.-F. Wird schwarz und magnetisch (Oxyduloxyd).	bei einem größeren Zusatze besitzt das heiße Glas eine rote bis dunkelrote, das kalte eine gelbe bis dunkelgelbe Farbe. Red.-F. Das oxydhaltige Glas wird flaschengrün (Oxyduloxyd). Auf Kohle mit Zinn behandelt, wird es anfangs flaschengrün, nach längerem Blasen aber vitriolgrün (Oxydul).	unter der Abkühlung zuerst gelb, dann grünlich und zuletzt farblos, von einem sehr großen Zusatze heiß dunkelrot, unter der Abkühlung braunrot, dann schmutziggrün und kalt gelb. Die Farben verblassen unter der Abkühlung mehr als im Boraxglase. Red.-F. Bei einem geringen Zusatze scheint das oxydhaltige Glas nicht verändert zu werden; bei einem größeren ist es heiß rot und wird unter der Abkühlung erst gelb, dann grünlich und endlich bräunlich (rauchbraun). Mit Zinn auf Kohle behandelt, wird das Glas beim Erkalten grün und zuletzt farblos.	Red.-F. Auf Kohle wird es reduziert und gibt beim Abschlämmen der kohligen Teile ein graues magnetisches Metallpulver.	b) Jodidbeschlag: Bei starker Hitze entsteht ein geringer Beschlag von braunem Eisenjodür.
24. Germaniumoxyd	Oxyd.-F. Das Oxyd scheint vollständig feuerbeständig zu sein; jedenfalls verträgt es helle Glühhitze ohne Veränderung. Red.-F. Mit Schwierigkeit in regulinisches	Zu einem in der Hitze und Kälte farblosen Glase auflöslich, das sich in der Red.-F. nicht verändert (Ziefsler)	Wenngleich etwas schwierig, so doch vollständig zu einem farblosen Glase auflöslich. Ein Zusatz von Zinn bringt keine Änderung hervor (Ziefsler).	—	a) Auf Platinblech erhitzt, breitet sich Germanium mit eintretender Verflüssigung aus, legiert sich mit dem Platin und macht es brüchig,

Metalloxyde	Verhalten für sich auf Kohle und in der Pinzette	Verhalten zu Borax auf Platindraht	Verhalten zu Phosphorsalz auf Platindraht	Verhalten zu Soda auf Kohle	Sonstiges Verhalten
24. (Forts.)	Metall überzuführen, wobei sich ein weißer Beschlag von Oxyd auf der Kohle bildet. Erhitzt man ein Stück Ge. auf Kohle, so schmilzt es zur glänzenden Kugel, die unter Ausstoßung eines weißen Beschlages in treibende Bewegung gerät (Winkler).				spröde und schmelzbar (Winkler). b) Weder mit Kobaltlösung noch mit Jodkalium und Schwefel eine Reaktion (Zießler).
25. Goldoxyd	Wird beim Erhitzen bis zum Glühen mit jeder Flamme zu Metall reduziert, das leicht zum Korne geschmolzen werden kann. Auf der Gipsplatte ruft eine kräftige Oxydationsflamme einen roten Beschlag hervor.	Oxyd.-F. Wird, ohne sich aufzulösen, reduziert, und kann auf Kohle zum Goldkorne geschmolzen werden. Red.-F. Desgleichen.	Wie zu Borax.	Wie zu Borax; die Soda geht aber in die die Kohle.	Mit Natriumthiosulfat: Schwarze Schmelze.
26. Indiumoxyd	Oxyd.-F. Wird beim Erhitzen dunkelgelb, unter der Abkühlung aber wieder heller und schmilzt nicht. Red.-F. Wird nach und nach reduziert, das Reduzierte wird aber verflüchtigt und lagert sich als Be-	Oxyd.-F. Zum klaren im heißen Zustande schwach gelblich gefärbten Glase auflöslich, das unter der Abkühlung farblos, bei großem Zusatze aber trübe wird. Red.-F. Das Glas verändert sich nicht. Auf Kohle wird das	Wie zu Borax; das Glas wird aber, mit Zinn auf Kohle behandelt, unter der Abkühlung grau und trübe.	Oxyd.-F. Unlöslich. Red.-F. Auf Kohle wird es reduziert, zum Teil verflüchtigt sich das Metall und beschlägt die Kohle mit Oxyd, z. T. ist es in beinahe silberweißen Kügelchen in der Salzmasse wahrzunehmen.	Spektrum: Eine intensive Linie im Indigo, eine schwächere im Violett.

Metalloxyde	Verhalten für sich auf Kohle und in der Pinzette	Verhalten zu Borax auf Platindraht	Verhalten zu Phosphorsalz auf Platindraht	Verhalten zu Soda auf Kohle	Sonstiges Verhalten
26. (Forts.)	schlag auf der Kohle ab. Die blauviolette Färbung der äufseren Flamme ist dabei sehr deutlich wahrzunehmen.	Oxyd reduziert; das reduzierte Metall wird flüchtig, oxydiert sich wieder und beschlägt die Kohle. Trotz der Natriumreaktion bemerkt man die blauviolette Färbung der äufseren Flamme.			
27. Iridium-oxyd	Wird in der Glühhitze reduziert; die Metallteile können aber nicht geschmolzen werden.	Oxyd.-F. Wird, ohne sich aufzulösen, reduziert; das Metall kann aber selbst auf Kohle nicht zum Korne vereinigt werden. Red.-F. Desgleichen.	Wie zu Borax.	Wie zu Borax; die Soda geht aber in die Kohle.	—
28. Kobalt-oxydul	Oxyd.-F. Unveränderlich. Red.-F. Schrumpft etwas zusammen und wird, ohne zu schmelzen, zu Metall reduziert, welches dem Magnetstahle folgt und, im Mörser aufgerieben, Metallglanz annimmt.	Oxyd.-F. Färbt sehr intensiv. Das Glas erscheint heifs und kalt rein smalteblau. Bei starker Sättigung wird das Glas so tief dunkelblau, dafs es schwarz aussieht. Red.-F. Wie im Oxydationsfeuer.	Oxyd.-F. Wie zu Borax; die Farbe ist bei gleichem Zusatze aber nicht ganz so intensiv, was hauptsächlich nach der Abkühlung wahrzunehmen ist. Red.-F. Wie im Oxydationsfeuer.	Oxyd.-F. Auf Platindraht in ganz geringer Menge zur durchsichtigen schwachroten Masse auflöslich, die unter der Abkühlung grau wird. Red.-F. Auf Kohle zu einem grauen magnetischen Pulver reduzierbar; welches beim Reiben Metallglanz annimmt.	a) Zu Natriumthiosulfat. Schwarze Schmelze. b) Jodidbeschlag: Bräunlichgrau; wird die Probe mit der Lösung von Jod in Rhodankalium betropft und erhitzt, so färbt sie sich im Umkreise grün.

Metalloxyde	Verhalten für sich auf Kohle und in der Pinzette	Verhalten zu Borax auf Platindraht	Verhalten zu Phosphorsalz auf Platindraht	Verhalten zu Soda auf Kohle	Sonstiges Verhalten
29. Kupfer-oxyd	Oxyd.-F. Schmilzt zu einer schwarzen Kugel, die sich auf der Kohle bald ausbreitet und auf der unteren Seite reduziert. Red.-F. Bei einer Temperatur, bei welcher Kupfer noch nicht schmilzt, wird das Oxyd reduziert. Die reduzierten Teile glänzen wie Kupfermetall; sobald aber das Blasen unterbrochen wird, oxydiert sich die Oberfläche des Metalles wieder und wird schwarz oder braun. Bei stärkerer Hitze schmilzt es zum Kupferkorne.	Oxyd.-F. Färbt sehr intensiv. Ein geringer Zusatz färbt das Glas so, dafs es im heifsen Zustande grün erscheint, unter der Abkühlung aber blau wird. Von einem gröfseren Zusatze ist es heifs dunkelgrün bis undurchsichtig, wird aber unter der Abkühlung grünlichblau. Red.-F. Bei einer gewissen Sättigung wird das oxydhaltige Glas bald farblos, nimmt aber unter der Abkühlung eine rote Farbe an und wird undurchsichtig (Oxydul). Auf Kohle kann das Kupfer metallisch ausgefällt werden, so dafs das Glas nach dem Erkalten farblos erscheint. Ein oxydhaltiges Glas mit Zinn auf Kohle behandelt wird unter der Abkühlung braunrot und undurchsichtig (Oxydul).	Oxyd.-F. Das Glas wird von einer gleichgrofsen Menge Oxydes nicht so intensiv gefärbt als Borax. Die Farben sind dieselben wie im Boraxglase, und zwar, je nachdem wenig oder viel aufgelöst wird, heifs: grün bis dunkelgrün und undurchsichtig und nach dem Erkalten blau bis grünlichblau. Red.-F. Ein ziemlich stark gesättigtes Glas wird dunkelgrün, und unter der Abkühlung, in dem Augenblicke des Erstarrens, undurchsichtig braunrot (Oxydul). Wird das Glas, das nur wenig Oxyd aufgelöst enthält, auf Kohle mit Zinn behandelt, so erscheint es in der Hitze farblos und kalt rot oder braunrot und undurchsichtig.	Oxyd.-F. Auf Platindraht zu einem klaren grünen Glase auflöslich, das unter der Abkühlung seine Farbe verliert und undurchsichtig wird. Red.-F. Auf Kohle wird es leicht zu metallischem Kupfer reduziert, welches bei hinreichendem Feuer zu einem oder mehreren Körnern schmilzt.	a) Mit Natrium-thiosulfat: Schwarze Masse. b) Jodidbeschlag: Auf Kohle weifs.

Metalloxyde	Verhalten für sich auf Kohle und in der Pinzette	Verhalten zu Borax auf Platindraht	Verhalten zu Phosphorsalz auf Platindraht	Verhalten zu Soda auf Kohle	Sonstiges Verhalten
30. Lanthan-oxyd	Unveränderlich.	Oxyd.-F. Zum klaren farblosen Glase auflöslich, das bei einer gewissen Sättigung emailweifs geflattert werden kann und bei stärkerer Sättigung unter der Abkühlung von selbst emailartig wird. Red.-F. Wie im Oxydationsfeuer.	Wie zu Borax.	Unauflöslich. Die Soda geht in die Kohle, und das Oxyd bleibt mit grauer Farbe zurück.	—
31. Mangan-oxyd	Oxyd.-F. Unschmelzbar. Das Oxyd sowohl als auch das Superoxyd wird bei hinreichend starkem Feuer in Oxydul umgeändert, indem beide Oxyde Sauerstoff abgeben und eine braunrote Farbe annehmen. Red.-F. Ebenso.	Oxyd.-F. Färbt sehr intensiv. Das Glas erscheint, solange heifs, violett (amethystfarbig), kalt violettrot. Von einem etwas zu starken Zusatze wird das Glas schwarz und undurchsichtig, so dafs man die Farbe nur wahrnehmen kann, wenn man das weiche Glas platt drückt. Red.-F. Das gefärbte Glas wird farblos. Ist das Glas sehr dunkel gefärbt, so gelingt die Reduktion auf Kohle, besonders mit Zinn, besser als auf Platindraht.	Oxyd.-F. Das Glas verlangt einen grofsen Zusatz, ehe es deutlich gefärbt erscheint; es besitzt dann, solange es heifs ist, eine braunviolette Farbe und wird unter der Abkühlung rotviolett. Bei keinem Zusatze wird es undurchsichtig. Enthält das Glas nur so wenig Oxyd, dafs es farblos erscheint, so wird durch Salpeter die Farbe hervorgebracht (s. Probe auf Mangan § 200). Ein oxydhaltiges Glas kocht bei starkem Feuer und gibt Gas ab. Red.-F. Das gefärbte Glas wird schnell farblos.	Oxyd.-F. Auf Platindraht oder Platinblech in ganz geringer Menge zur klaren durchsichtigen grünen Masse auflöslich, die unter der Abkühlung undurchsichtig und blaugrün wird (Natriummanganat). Red.-F. Auf Kohle kann es nicht zu Metall reduziert werden.	Mit Natriumthiosulfat: Grüne Schmelze.

Metalloxyde	Verhalten für sich auf Kohle und in der Pinzette	Verhalten zu Borax auf Platindraht	Verhalten zu Phosphorsalz auf Platindraht	Verhalten zu Soda auf Kohle	Sonstiges Verhalten
32. Molybdänoxyd	Oxyd.-F. Schmilzt, breitet sich aus, verflüchtigt sich und bedeckt die Kohle in gewisser Entfernung in Gestalt eines gelblichen Pulvers, das der Probe zunächst aus kleinen Kristallen besteht. Der pulverförmige Beschlag wird unter der Abkühlung weifs, und die Kristalle erscheinen farblos. Vor diesem Beschlage befindet sich ein dünner, nicht zu verflüchtigender Überzug von Molybdänoxyd, welcher nach dem Erkalten dunkelkupferrot und metallisch glänzend erscheint. Der weifse Beschlag färbt sich nach Berührung mit der Reduktionsflamme dunkelblau von molybdänsaurem Molybdänoxyd. Red.-F. Der gröfste Teil geht in die Kohle und kann bei gutem Feuer zu Metall reduziert werden, welches durch Abschlämmung der anhängenden Kohlenteile als graues Pulver erhalten wird.	Oxyd.-F. Leicht und in grofser Menge zum klaren Glase auflöslich, das, während es heifs ist, gelb erscheint, nach der Abkühlung aber farblos wird. Bei einem sehr grofsen Zusatze zeigt das Glas im heifsen Zustande eine dunkelgelbe bis dunkelrote Farbe und wird unter der Abkühlung opalartig bis emailbläulichgrau. Red.-F. Das im Oxydationsfeuer behandelte Glas wird bei einer starken Sättigung braun und bei einer noch stärkeren undurchsichtig (Oxyd). In gutem Feuer wird *Molybdänoxyd in Form* von schwarzen Flocken ausgeschieden, die in dem gelblich gewordenen Glase sehr deutlich zu sehen sind, wenn man dasselbe mit der Pinzette breit drückt.	Oxyd.-F. Leicht zum klaren Glase auflöslich, das von einem mäfsigen Zusatze im heifsen Zustande gelbgrün erscheint, unter der Abkühlung aber beinahe farblos wird. Auf Kohle wird das Glas ganz dunkel und unter der Abkühlung schön grün (infolge einer Reduktion zu Oxyd). Red.-F. Das im Oxydationsfeuer behandelte Glas wird ganz dunkel schmutziggrün, nimmt aber unter der Abkühlung eine reinere grüne Farbe an. Auf Kohle verhält es sich ebenso; Zinn *färbt die grüne Farbe* etwas dunkler.	Oxyd.-F. Auf Platindraht unter Brausen zum klaren Glase schmelzbar, das unter der Abkühlung milchweifs wird. Red.-F. Auf Kohle findet anfangs eine Schmelzung unter Aufbrausen statt; die geschmolzene Masse wird von der Kohle eingesogen, und es reduziert sich ein grofser Teil der Molybdänsäure zu Metall, welches durch Abschlämmen als ein stahlgraues Pulver erhalten werden kann.	a) Mit **Natriumthiosulfat:** Braune Schmelze. b) **Jodidbeschlag:** Tief ultraminblau. (Molybdänmolybdat) (M_2O_5). c) Erhitzt man Molybdänverbindungen mit konzentrierter Schwefelsäure in einer Porzellanschale, so erhält man nach Zusatz von Alkohol oder beim Anhauchen eine tiefblaue Flüssigkeit. d) Mit **Zink** und **Salzsäure** färbt sich die Lösung nacheinander blau, grün und schwarzbraun.

Metalloxyde	Verhalten für sich auf Kohle und in der Pinzette	Verhalten zu Borax auf Platindraht	Verhalten zu Phosphorsalz auf Platindraht	Verhalten zu Soda auf Kohle	Sonstiges Verhalten
33. Nickeloxydul	Oxyd.-F. Unveränderlich. Red.-F. Auf Kohle wird es zu Metall reduziert. Das reduzierte Pulver kann nicht geschmolzen werden; es nimmt aber, im Mörser stark gerieben, Metallglanz an und folgt begierig dem Magnetstahl.	Oxyd.-F. Färbt ziemlich intensiv. Von einem geringen Zusatze erscheint das heiße Glas violett und wird unter der Abkühlung blaß rotbraun; von einem größeren Zusatze sind diese Farben dunkler. Red.-F. Das oxydhaltige Glas wird grau und trübe oder ganz undurchsichtig von fein zerteiltem Nickel. Bei fortgesetztem Blasen hängen sich die reduzierten Metallteile aneinander, ohne zu schmelzen, und das Glas wird farblos. Auf Kohle, und vorzüglich mit Zinn geschieht die Reduktion schneller, und das reduzierte Nickel vereinigt sich mit dem Zinn zum Korne.	Oxyd.-F. Zu einem rötlichen Glase auflöslich, das unter der Abkühlung gelb wird. Von einem größeren Zusatze erscheint das heiße Glas braunrot und wird beim Erkalten rötlichgelb. Red.-F. Auf Platindraht scheint das oxydhaltige Glas nicht verändert zu werden. Auf Kohle mit Zinn behandelt, wird es im Anfange undurchsichtig und grau, nach längerem Blasen wird aber alles Nickel reduziert, und das Glas wird farblos.	Oxyd.-F. Unauflöslich. Red.-F. Auf Kohle leicht zu kleinen weißen, glänzenden Metallteilen reduzierbar, die nach der Abschlämmung der kohligen Teile begierig dem Magnetstahle folgen.	Mit Natriumthiosulfat: Schwarzes Sulfid.
34. Niobsäure (Anhydrid)	Oxyd.-F. Beim Erhitzen tritt vorübergehend eine Gelbfärbung ein. Red.-F. Ebenso.	Oxyd.-F. Leicht zu einem klaren farblosen Glase auflöslich, das bei einem gewissen Zusatze unklar geflattert werden kann und bei einem größeren Zusatze unter der	Oxyd.-F. In großer Menge zum klaren farblosen Glase auflöslich, das, solange es heiß ist, gelb erscheint, unter der Abkühlung aber farblos wird.	Oxyd.-F. Die Probe schmilzt mit dem gleichen Volumen Soda gemengt unter Brausen zusammen; mit einem größeren Zusatz von Soda geht diese in die Kohle.	a) Mit Kobaltlösung: Eine bräunlichgraue Farbe. b) Mit Zink und Salzsäure färbt sich die Lösung blau oder braun.

Metalloxyde	Verhalten für sich auf Kohle und in der Pinzette	Verhalten zu Borax auf Platindraht	Verhalten zu Phosphorsalz auf Platindraht	Verhalten zu Soda auf Kohle	Sonstiges Verhalten
34. (Forts.)		Abkühlung von selbst unklar wird. Red.-F. Ein im Oxydationsfeuer behandeltes Glas, welches unter der Abkühlung von selbst unklar wurde, verändert sich nicht.	Red.-F. Bei einem sehr starken Zusatz wird das Glas braun.	Red.-F. Ebenso. Eine Reduktion zu Metall kann nicht bewirkt werden.	
35. Osmiumoxyd	Oxyd.-F. Verwandelt sich in Osmiumsäure, die sich, ohne einen Beschlag zu geben, mit einem durchdringenden, stechenden Geruch verflüchtigt und sehr reizend auf die Augen wirkt. Red.-F. Wird zu einem dunkelbraunen unschmelzbaren Metallpulver reduziert, das sehr leicht zu Osmiumsäure oxydiert werden kann.	—	—	Wird sehr leicht zu einem unschmelzbaren Metallpulver reduziert, welches durch Abschlämmen rein erhalten werden kann.	—
36. Palladiumoxydul	Wird in der Glühhitze reduziert, die Metallteile können aber nicht geschmolzen werden.	Oxyd.-F. Wird, ohne sich aufzulösen, reduziert, die ausgeschiedenen Metallteile lassen sich aber selbst auf Kohle nicht zum Korne vereinigen. Red.-F. Ebenso.	Wie zu Borax.	Unauflöslich. Die Soda geht in die Kohle und hinterläfst das Palladium als ein unschmelzbares Pulver.	—

Metalloxyde	Verhalten für sich auf Kohle und in der Pinzette	Verhalten zu Borax auf Platindraht	Verhalten zu Phosphorsalz auf Platindraht	Verhalten zu Soda auf Kohle	Sonstiges Verhalten
37. Platin-oxyd	Wird in der Glühhitze reduziert, die Metallteilchen können aber nicht geschmolzen werden.	Oxyd.-F. Wird, ohne sich aufzulösen, reduziert, die Metallteile können aber selbst auf Kohle nicht zum Korne vereinigt werden. Red.-F. Ebenso.	Wie zu Borax.	Wie zu Borax; die Soda geht aber in die Kohle.	—
38. Queck-silberoxyd	Wird augenblicklich reduziert und verflüchtigt.	—	—	Im Glühröhrchen bis zum Glühen erhitzt, wird es reduziert und dampfförmig ausgeschieden. Das metallisch glänzende Sublimat kann durch behutsames Klopfen zur Quecksilberkugel vereinigt werden.	a) Mit Natriumthiosulfat: Schwarzes Sulfid. a) Jodidbeschlag: Gelb und rot.
39. Rho-diumoxyd 40. Ruthe-niumoxyd	Werden leicht reduziert, die Metallteile können aber nicht geschmolzen werden.	Oxyd.-F. Werden, ohne sich aufzulösen, reduziert; die Metallteile können selbst auf Kohle nicht zum Korne geschmolzen werden. Red.-F. Wie im Oxydationsfeuer.	Wie zu Borax.	Wie zu Borax; die Soda geht in die Kohle.	—
41. Silber-oxyd	Wird leicht zu metallischem Silber reduziert, welches zu einem oder mehreren Kügelchen schmilzt.	Oxyd.-F. Wird z. T. aufgelöst, z. T. auch zu Metall reduziert. Das Glas wird unter der Abkühlung, je nach der Menge, opalartig	Oxyd.-F. Das Oxyd sowohl wie das metallische Silber verursacht eine gelbliche Farbe im Glase.	Wird augenblicklich reduziert und schmilzt, während die Soda in die Kohle geht, zu einem oder mehreren Silberkügelchen.	a) Mit Natriumthiosulfat: Schwarzes Sulfid. b) Jodidbeschlag: Heifs hellgelb, kalt schwach graugelb.

Metalloxyde	Verhalten für sich auf Kohle und in der Pinzette	Verhalten zu Borax auf Platindraht	Verhalten zu Phosphorsalz auf Platindraht	Verhalten zu Soda auf Kohle	Sonstiges Verhalten
41. (Forts.)		oder milchweifs. Metallisches Silber auf einem Tonschälchen mit Borax geschmolzen, gibt dasselbe Glas. Red.-F. Auf Kohle wird das oxydhaltige Glas anfangs grau von reduziertem Silberteilen, später aber, nachdem alles Silber ausgefällt und zum Korne geschmolzen ist, klar und farblos.	Bei einem grofsen Gehalte an Silberoxyd erscheint das Glas nach dem Erkalten opalartig, gegen das Tageslicht gehalten gelblich und gegen Feuerschein rötlich. Red.-F. Wie zu Borax.		
42. Tantalsäure (Anhydrid)	Oxyd.-F. Färbt sich beim Erhitzen schwach gelb, wird aber unter der Abkühlung wieder weifs. Eine weitere Veränderung findet nicht statt. Red.-F. Ebenso.	Oxyd.-F. Leicht zum klaren Glase auflöslich, das bei einem gewissen Zusatze, solange es heifs ist, gelb erscheint, unter der Abkühlung aber farblos wird u. unklar geflattert werden kann. Ein gröfserer Zusatz verursacht, dafs das Glas unter der Abkühlung von selbst emailweifs wird. Red.-F. Wie im Oxydationsfeuer.	Oxyd.-F. In grofser Menge zum klaren Glase auflöslich, das bei einem sehr starken Zusatze, solange es heifs ist, gelblich erscheint, unter der Abkühlung aber farblos wird. Red.-F. Das im Oxydationsfeuer gebildete Glas erleidet keine Veränderung.	Oxyd.-F. Mit etwas mehr als dem gleichen Volumen von Soda gemengt, schmilzt Tantalsäure auf Kohle unter Brausen zur Perle, die sich aber bald ausbreitet; mit einem etwas gröfseren Zusatze von Soda geht sie in die Kohle. Red.-F. Ebenso. Eine Reduktion zu Metall findet nicht statt.	Mit Kobaltlösung: Tantalsäure wird nach langem Durchglühen hellgrau, nimmt aber unter der Abkühlung eine schwach rote Farbe an, ganz ähnlich wie Magnesiumoxyd. Ist sie nicht ganz frei von einem Alkali, so sintert sie und wird bläulichschwarz.
43. Tellurdioxyd	Oxyd.-F. Tellurdioxyd schmilzt und reduziert sich mit Brausen. Das redu-	Oxyd.-F. Zum klaren farblosen Glase auflöslich, das auf Kohle grau von redu-	Wie zu Borax.	Auf Platindraht zum klaren farblosen Glase auflöslich, das unter der Abkühlung weifs	Jodidbeschlag: Schwarzbraun.

Metalloxyde	Verhalten für sich auf Kohle und in der Pinzette	Verhalten zu Borax auf Platindraht	Verhalten zu Phosphorsalz auf Platindraht	Verhalten zu Soda auf Kohle	Sonstiges Verhalten
43. (Forts.)	zierte Metall verflüchtigt sich sofort und beschlägt die Kohle weifs mit Tellurdioyd; dieser Beschlag hat gewöhnlich eine rote oder dunkelgelbe Kante. Red.-F. Desgl.; die äufsere Flamme wird bläulichgrün gefärbt. Auf der Gipsplatte ist der Beschlag dunkelbraun.	zierten Metallteilen wird. Red.-F. Das auf Platindraht im Oxydationsfeuer behandelte Glas wird auf Kohle zuletzt grau, und nachdem alles Tellur reduziert und verflüchtigt ist, wieder farblos; die Kohle wird mit Tellurdioxyd beschlagen.		wird. Auf Kohle wird Tellurdioxyd reduziert und verflüchtigt, wobei sich ein Beschlag von Tellurdioxyd bildet.	
44. Thalliumoxyd	Schmilzt und reduziert sich sofort unter Brausen zu Metallkügelchen, welche sich bei fortgesetztem Blasen verflüchtigen und die Kohle mit einem schwachen weifsen Beschlag belegen.	Oxyd.-F. Leicht zum farblosen Glase löslich. Wird die erkaltete Perle bis zu einer weit unter der Rotglut liegenden Temperatur erhitzt, so färbt sich die Oberfläche braun; erhöht man die Temperatur, so wird die Perle unter Entwicklung kleiner Blasen wieder farblos. Red.-F. Das Glas zeigt eine grauliche Trübung, die nach längerem Blasen verschwindet.	Oxyd.-F. Zum klaren Glase löslich, welches durch schwaches Anblasen trübe wird. Red.-F. Das Glas wird auf Kohle trübe und grau.	Wird auf Kohle unter Entwicklung von Dämpfen und Bildung eines weifsen Beschlages zu Metall reduziert.	a) Flammenfärbung: Grasgrün. b) Spektrum: Eine intensive Linie in Grün. c) Mit Natriumthiosulfat: Schwarzes Sulfid. d) Jodidbeschlag: Eigelb mit schwarzem Rande.
45. Titansäure (Anhydrid)	Oxyd.-F. Titansäure nimmt beim Erhitzen eine gelbe Farbe an, wird aber unter	Oxyd.-F. Leicht zu einem klaren Glase auflöslich das bei einem gewissen Zu-	Oxyd.-F. Leicht zum klaren Glase auflöslich, das von einem grofsen Zusatz gelb er-	Oxyd.-F. Auf Kohle unter Brausen zum dunkelgelben Glase auflöslich, das unter	a) Mit Kobaltlösung: Gelblichgrüne Farbe, ähnlich wie Zinkoxyd, aber nicht so schön.

Metalloxyde	Verhalten für sich auf Kohle und in der Pinzette	Verhalten zu Borax auf Platindraht	Verhalten zu Phosphorsalz auf Platindraht	Verhalten zu Soda auf Kohle	Sonstiges Verhalten
45. (Forts.)	der Abkühlung wieder weifs. Eine weitere Veränderung findet nicht statt. Red.-F. Desgl.	satze, solange es heifs ist, gelb erscheint, unter der Abkühlung aber farblos wird und unklar geflattert werden kann und bei einem sehr grofsen Zusatze unter der Abkühlung von selbst emailweifs wird. Red.-F. Bei einem geringen Zusatze wird das Glas gelb, bei einem gröfseren dunkelgelb bis braun. Ein gesättigtes Glas kann emailblau geflattert werden.	scheint, unter der Abkühlung aber farblos wird. Wird eine in dem Red.-F. gesättigte Perle in das Oxyd.-F. gebracht, so scheiden sich würfelförmige Rhomboeder von $Ti_2Na(PO_4)_3$ aus. Red.-F. Das im Oxydationsfeuer gebildete Glas verändert sich so, dafs es im heifsen Zustande zwar ebenfalls eine gelbe Farbe zeigt, sich aber unter der Abkühlung rötet und eine schön violette Farbe annimmt. War die Titansäure nicht frei von Eisen, so wird das Glas unter der Abkühlung braungelb bis braunrot (blutrot). Auf Kohle mit Zinn behandelt, wird das Glas violett, wenn der Gehalt an Eisen nicht zu grofs ist.	der Abkühlung unter schwachem Aufglühen kristallisiert. Beim völligen Erkalten wird das Glas grauweifs bis weifs. Red.-F. Ebenso. Eine Reduktion zu Metall kann nicht bewirkt werden.	b) Mit Zink und Salzsäure: Violette Färbung der Lösung.
46. Uran-oxyd	Oxyd.-F. Uranoxyd schmilzt nicht, nimmt aber eine schmutzig dunkel gelblichgrüne Farbe an.	Oxyd.-F. Verhält sich wie Eisenoxyd; die Farben sind aber von gleichen Mengen etwas heller. Bei starker Sättigung kann	Oxyd.-F. Zum klaren gelben Glase auflöslich, dessen Farbe unter der Abkühlung grüngelb wird.	Oxyd.-F. Unauflöslich. Ein geringer Zusatz von Soda gibt Zeichen von Schmelzung. Von einer gröfseren Menge Soda	a) Mit Natriumthiosulfat: Schwarzes Sulfid. b) Gute mikrochemische Reaktion mit Natriumcarbonat.

Metalloxyde	Verhalten für sich auf Kohle und in der Pinzette	Verhalten zu Borax auf Platindraht	Verhalten zu Phosphorsalz auf Platindraht	Verhalten zu Soda auf Kohle	Sonstiges Verhalten
46. (Forts.)	R e d. - F. Wird schwarz und zeigt auch diese Farbe beim Aufreiben im Mörser.	das Glas emailgelb geflattert werden. R e d. - F. Gibt dieselben Farben wie Eisenoxyd. Das grüne bis zu einem gewissen Grade gesättigte Glas kann schwarz geflattert werden; es wird aber weder emailähnlich noch kristallinisch. Auf Kohle mit Zinn behandelt, wird das Glas dunkelgrün.	R e d. - F. Das oxydhaltige Glas wird schmutziggrün, unter der Abkühlung aber rein und schön grün. Mit Zinn auf Kohle behandelt wird die grüne Farbe dunkler.	wird die Masse gelbbraun. Mit einer noch gröfseren Menge geht das Oxyd in die Kohle. R e d. - F. Ebenso; das Oxyd läfst sich nicht zu Metall reduzieren.	
47. Vanadinsäure (Anhydrid)	Schmelzbar. Der mit der Kohle in Berührung befindliche Teil wird reduziert und zieht sich in die Kohle; der übrige Teil bekommt Farbe und Glanz wie Graphit.	O x y d. - F. Zum klaren Glase auflöslich, das von einem geringen Zusatze farblos, von einem gröfseren aber gelb erscheint und unter der Abkühlung grünlichgelb wird. R e d. - F. Das im Oxyd.-F. gefärbte Glas verändert sich so, dafs es, solange es heifs ist, bräunlich erscheint und unter der Abkühlung schön chromgrün wird.	O x y d. - F. Zum klaren Glase auflöslich, das bei einem nicht zu geringen Zusatze, solange es heifs ist, dunkelgelb erscheint und unter der Abkühlung eine hellgelbe Farbe annimmt. R e d. - F. Wie zu Borax.	Schmilzt damit zusammen und zieht sich in die Kohle.	Mit Z i n k und S a l z säure färbt sich die Lösung nacheinander blau, grün und violett.
48. Wismutoxyd	O x y d. - F. Auf Platinblech schmilzt Wismutoxyd leicht zu einer dunkelbraunen	O x y d. - F. Leicht zu einem klaren gelben Glase auflöslich, das bei einem geringen	O x y d. - F. Leicht zu einem klaren gelben Glase auflöslich, das unter der Abküh-	O x y d. - F. Auf Platindraht leicht zu einem klaren gelben Glase löslich, das unter	a) Mit N a t r i u m thiosulfat: Schwarzes Sulfid.

Metalloxyde	Verhalten für sich auf Kohle und in der Pinzette	Verhalten zu Borax auf Platindraht	Verhalten zu Phosphorsalz. auf Platindraht	Verhalten zu Soda auf Kohle	Sonstiges Verhalten
48. (Forts.)	Masse, die unter der Abkühlung blafsgelb wird. Auf Kohle wird es im Oxydations- und Reduktionsfeuer zu metallischem Wismut reduziert, das sich bei fortgesetztem Blasen nach und nach verflüchtigt und die Kohle mit gelbem Oxyd beschlägt; auch bildet sich hinter dem gelben Beschlag noch ein dünner weifser, welcher aus kohlensaurem Wismut besteht. Im Reduktionsfeuer verschwinden diese Beschläge, ohne einen farbigen Schein zu geben.	Zusatze unter der Abkühlung farblos wird. Von einem gröfseren Zusatz erscheint das Glas, solange es heifs ist, gelblichrot, wird aber unter der Abkühlung gelb und beim völligen Erkalten opalartig. Red.-F. Auf Kohle wird das Glas anfangs grau und trübe, dann reduziert sich das Oxyd unter Aufbrausen zu Metall, und das Glas wird wieder klar. Mit einem Zusatze von Zinn geschieht die Ausfällung des Wismuts noch schneller.	lung farblos wird. Bei einem starken Zusatze kann das Glas emailartig geflattert werden, und bei einem noch stärkeren wird es unter der Abkühlung von selbst emailweifs. Red.-F. Auf Kohle, vorzüglich mit Zinn, verändert sich das Glas so. dafs es im heifsen Zustande klar und farblos erscheint, unter der Abkühlung aber schwarzgrau und undurchsichtig wird. Diese Färbung findet selbst bei aufserordentlich geringen Mengen noch statt.	der Abkühlung gelbbraun wird und nach dem Erkalten hellgelb und undurchsichtig erscheint. (Chapman.) Red.-Fl. Auf Kohle wird es sofort zu metallischem Wismut reduziert.	b) Jodidbeschlag: Auf Kohle schön rot. Auf der Gipsplatte braun mit rotem Anflug.
49. Wolframsäure (Anhydrid)	Oxyd.-F. Wolframsäure ist unveränderlich, sobald die Hitze nicht so stark ist, dafs infolge einer Bildung von Kohlenoxydgas eine Reduktion zu Oxyd erfolgt. Red.-F. Wird schwarz, schmilzt aber nicht.	Oxyd.-F. Leicht zum klaren farblosen Glase auflöslich. Bei einem ziemlich grofsen Zusatze erscheint es, solange es heifs ist, gelb, bei einem gröfseren kann es emailartig geflattert werden, und bei einem noch gröfseren wird es unter der Abkühlung von selbst emailweifs.	Oxyd.-F. Leicht zum klaren farblosen Glase auflöslich, das erst bei starker Sättigung im heifsen Zustande gelb erscheint. Red.-F. Das im Oxydationsfeuer gebildete Glas erscheint nach kurzer Behandim heifsen Zustande schmutziggrün, wird aber unter der Ab-	Oxyd.-F. Auf Platindraht zum klaren, dunkelgelben Glase auflöslich. das unter der Abkühlung kristallinisch und undurchsichtig weifs oder gelblich wird. Red.-F. Mit wenig Soda kann auf Kohle eine grofse Menge zu metallischem Wolfram reduziert werden; mit	b) Jodidbeschlag: Grünlichblau (W_2O_5). b) Mit Zink und Salzsäure färbt sich die Lösung blau.

Metalloxyde	Verhalten für sich auf Kohle und in der Pinzette	Verhalten zu Borax auf Platindraht	Verhalten zu Phosphorsalz auf Platindraht	Verhalten zu Soda auf Kohle	Sonstiges Verhalten
49. (Forts.)		Red.-F. Bei einem geringen Zusatz wird das Glas nicht verändert; bei einem größeren wird es gelb bis dunkelgelb und unter der Abkühlung gelblichbraun. Auf Kohle erfolgt diese Reaktion mit einer geringeren Menge. Zinn bringt bei nicht zu starker Sättigung dunklere Farben hervor.	kühlung blau; bei zu langem Blasen wird es unter der Abkühlung bläulichgrün. Auf Kohle, besonders mit Zinn, wird es dunkelgrün. Enthält die Wolframsäure Eisen, so erscheint das heiße Glas am Platindrahte gelb, wird aber unter der Abkühlung braunrot (blutrot), wie von eisenhaltiger Titansäure. Durch Zinn auf Kohle wird das eisenhaltige Glas blau, wenn der Gehalt an Eisen unbedeutend ist.	mehr Soda, wobei alles in die Kohle dringt, erhält man gelbes, metallisch glänzendes Natriumwolframat.	
50. Zinkoxyd	Oxyd-F. Zinkoxyd wird beim Erhitzen gelb und unter der Abkühlung wieder weifs. Es schmilzt nicht, leuchtet aber stark beim Glühen. Red.-F. Verschwindet nach und nach, indem es reduziert, aber das Reduzierte sofort verflüchtigt u. wieder oxydiert wird; ein grofser Teil des flüchtig gewordenen Zinks setzt sich als Oxyd auf einer anderen Stelle	Oxyd.-F. Leicht und in grofser Menge zu einem klaren, im heifsen Zustande gelblich gefärbten Glase auflöslich, das unter der Abkühlung farblos wird, bei einem grofsen Zusatze emailartig geflattert werden kann und bei einem noch gröfseren unter der Abkühlung von selbst emailartig wird. Red.-F. Das gesättigte Glas wird beim ersten Anblasen un-	Wie zu Borax.	Oxyd.-F. Unauflöslich. Red.-F. Auf Kohle wird es reduziert; das Metall verflüchtigt sich, oxydiert sich dabei wieder und beschlägt die Kohle mit Zinkoxyd. Bei gutem Feuer kann selbst eine Zinkflamme hervorgebracht werden.	a) Mit Kobaltlösung: Schöne gelblichgrüne Farbe, die nach völligem Erkalten am deutlichsten ist. b) Mit Natriumthiosulfat: Weifs. c) Jodidbeschlag: Auf Kohle weifs.

Metalloxyde	Verhalten für sich auf Kohle und in der Pinzette	Verhalten zu Borax auf Platindraht	Verhalten zu Phosphorsalz auf Platindraht	Verhalten zu Soda auf Kohle	Sonstiges Verhalten
50. (Forts.)	der Kohle an und bildet einen deutlichen Beschlag, der anfangs gelblich erscheint, unter der Abkühlung aber weifs wird.	klar und grau (weil sich bei unvollkommener Schmelzung desselben ein Teil des Oxydes ausscheidet), nach längerem Blasen aber wieder klar. Auf Kohle wird das Oxyd nach und nach reduziert; das reduzierte Metall wird aber sogleich flüchtig, oxydiert sich wieder, und beschlägt die Kohle.			
51. Zinn-oxyd	Oxyd.-F. Das Oxydul brennt, angezündet, wie Zunder und verwandelt sich in Oxyd. Das Oxyd leuchtet stark und erscheint, solange es heifs ist, gelblich, wird aber unter der Abkühlung schmutzig gelblichweifs. Red.-F. Das Oxyd kann bei anhaltend starkem Feuer zu Metall reduziert werden, wobei sich gewöhnlich ein geringer, der Probe nahe liegender Beschlag von Zinnoxyd bildet.	Oxyd.-F. In geringer Menge und sehr langsam zum klaren, farblosen Glase auflöslich, das unter der Abkühlung klar bleibt und auch nicht unklar geflattert werden kann. Ein gesättigtes, kalt gewordenes Glas bis zum schwachen Glühen erhitzt, wird unklar, verliert seine runde Form u. zeigt undeutliche Kristallisation. Red.-F. Ein ungesättigtes Glas erleidet keine Veränderung. Auf Kohle kann aus einem Glase, welches viel Oxyd aufgelöst enthält, ein Teil desselben reduziert werden.	Oxyd.-F. In geringer Menge und sehr langsam zum klaren, farblosen Glase auflöslich, das auch unter der Abkühlung klar bleibt. Red.-F. Das oxydhaltige Glas wird nicht verändert, weder auf Platindraht noch auf Kohle.	Oxyd.-F. Auf Platindraht verbindet es sich mit Soda unter Brausen zu einer aufgeschwollenen unschmelzbaren Masse. Red.-F. Auf Kohle wird es zu metallischem Zinn reduziert.	a) Mit Kobaltlösung: Blaugrüne Farbe, die erst nach völliger Abkühlung richtig gesehen werden kann. b) Mit Natriumsulfat: Braun. c) Jodidbeschlag: Bräunlichgelb.

Ubungsbeispiele
zum Studium der wichtigsten Lötrohrreaktionen.

Metalle.

1. Antimon.
2. Wismut.
3. Blei.
4. Zinn.
5. Silber.
6. Arsen.
7. Zink.
8. Cadmium.

Oxyde.

9. Zinnoxyd.
10. Zinkoxyd.
11. Cadmiumoxyd.
12. Antimonoxyd.
13. Wismutoxyd.
14. Eisenoxyd.
15. Uranoxyd.
16. Molybdänsäure.
17. Chromoxyd.
18. Kobaltoxydul.
19. Kupferoxyd.
20. Wolframsäure.
21. Tonerde.
22. Arsenigsäureanhydrid.

Sulfide.

23. Schwefelarsen und -antimon (künstlich).
24. Schwefelarsen, -blei und -kupfer (künstlich).

Salze.

25. Natriumcarbonat.
26. Borax.
27. Phosphorsalz.
28. Saures Kaliumsulfat.
29. Flußspat.
30. Chlorkalium.
31. Bromkalium.
32. Jodkalium.
33. Chlornatrium.
34. Chlorammonium.
35. Kaliumchlorat.
36. Bleinitrat.
37. Kobaltnitrat.
38. Nickeloxalat.
39. Kupfersulfat.
40. Kupferchlorid.
41. Kupferarsenat.
42. Quecksilberchlorür.
43. Quecksilberchlorid.

Legierungen.

44. Zinnamalgam.
45. Legierung von Blei und Antimon.
46. Legierung von Blei und Wismut.
47. Legierung von Blei und Zink.
48. Legierung von Blei, Kupfer und Silber.
49. Legierung von Zinn und Kupfer.
50. Legierung von Zink und Cadmium.

Mineralien.

51. Quarz SiO_2.
52. Gips $CaSO_4 + 2\,aq$.
53. Strontianit $SrCO_3$.
54. Witherit $BaCO_3$.
55. Magnesit $MgCO_3$.
56. Muscovit $H_2KAl_3Si_3O_{12}$.
57. Orthoklas $KAlSi_3O_8$.
58. Albit $NaAlSi_3O_8$.
59. Petalit $LiAlSi_2O_{10}$.
60. Haematit Fe_2O_3.
61. Rutil TiO_2.
62. Pyrolusit MnO_2.
63. Lepidolit $(H, K, Li)_3\,Al_2Si_3O_{10}F$.
64. Apatit $3\,Ca_3P_2O_8 \cdot Ca\,(Cl, F)_2$.
65. Franklinit $(Zn, Fe, Mn)\,O \cdot (Mn, Fe)_2O_3$.
66. Uranpecherz U_3O_8.

67. Chromeisenstein (Fe, Mg) O ·
$\quad$ (Cr, Fe, Al)$_2$O$_3$.
68. Weißbleierz PbCO$_3$.
69. Malachit CuCO$_3$ · Cu(OH)$_2$.
70. Antimonglanz Sb$_2$S$_3$.
71. Schwefelkies FeS$_2$.
72. Kupferkies CuFeS$_2$.
73. Arsenkies FeAsS.
74. Speiskobalt CoAs$_2$.
75. Glanzkobalt CoAsS.
76. Realgar AsS.

77. Zinnober HgS.
78. Kupfernickel NiAs.
79. Molybdänglanz MoS$_2$.
80. Berthierit FeS · Sb$_2$S$_3$.
81. Bournonit CuPbSbS$_3$.
82. Fahlerz (Cu$_2$, Ag$_2$, Fe, Zn)$_4$ (Sb, As)$_2$S$_7$.
83. Selenblei PbSe.
84. Tetradymit Bi$_2$Te$_2$S.
85. Vanadinit 3 Pb$_3$V$_2$O$_8$ · PbCl$_2$.

Tafel der Atomgewichte, Schmelz- und Siedepunkte.

	Symbol	Atomgewicht	Schmelzpunkt	Siedepunkt
Aluminium	Al	27,1	660	—
Antimon	Sb	120,2	um 628	um 1450
Argon	Ar	39,9	— 188	— 186
Arsen	As	75,0	—	450
Baryum	Ba	137,4	850	950
Beryllium	Be	9,1	um 1000	—
Blei	Pb	206,9	327	um 1470
Bor	B	11,0	—	um 3500
Brom	Br	79,96	— 7,3	63
Cadmium	Cd	112,4	321	778
Caesium	Cs	132,9	26,4	270
Calcium	Ca	40,1	800	—
Cerium	Ce	140,25	—	—
Chlor	Cl	35,45	— 102	33,6
Chrom	Cr	52,1	—	—
Eisen	Fe	55,9	um 1800	—
Erbium	Er	166	—	—
Europium	Eu	152	—	—
Fluor	F	19,0	— 233	— 187
Gadolinum	Gd	156	—	—
Gallium	Ga	70	30,15	—
Germanium	Ge	72,5	um 900	um 1350
Gold	Au	197,2	1064	—
Helium	He	4,0	um — 271	— 267
Indium	In	115	176	—
Iridium	Ir	193,0	2200	—
Jod	J	126,97	116	183
Kalium	K	39,15	62,5	um 700
Kobalt	Co	59,0	um 1520	—
Kohlenstoff	C	12,00	um 3500	—
Krypton	Kr	81,8	— 169	— 152
Kupfer	Cu	63,6	1084	—
Lanthan	La	138,9	810	—
Lithium	Li	7,03	186	um 1400
Magnesium	Mg	24,36	633	um 1100
Mangan	Mn	55,0	1425	—
Molybdän	Mo	96,0	—	—

Tafel der Atomgewichte (Fortsetzung).

	Symbol	Atom-gewicht	Schmelz-punkt	Siedepunkt
Natrium	Na	23,05	95,6	742
Neodym	Nd	143,6	840	—
Neon	Ne	20	—	—
Nickel	Ni	58,7	1484	—
Niobium	Nb	94	—	—
Osmium	Os	191	—	—
Palladium	Pd	106,5	um 1550	—
Phosphor	P	31,0	44	290
Platin	Pt	194,8	um 1770	—
Praseodym	Pr	140,5	940	—
Quecksilber	Hg	200,0	— 39,4	357
Radium	Ra	225	—	—
Rhodium	Rh	103,0	um 1700	—
Rubidium	Rb	85,5	—	—
Ruthenium	Ru	101,7	um 1900	—
Samarium	Sm	150,3	—	—
Sauerstoff	O	16,00	— 227	— 182,5
Scandium	Sc	44,1	—	—
Schwefel	S	32,06	115—119	444,5
Selen	Se	79,2	217	690
Silber	Ag	107,93	962	2050
Silicium	Si	28,4	—	—
Stickstoff	N	14,01	— 214	— 194
Strontium	Sr	87,6	900	—
Tantal	Ta	181	2250	—
Tellur	Te	127,6	450	um 1400
Terbium	Tb	159,2	—	—
Thallium	Tl	204,1	290	1600—1800
Thorium	Th	232,5	—	—
Thulium	Tu	171	—	—
Titan	Ti	48,1	um 3000	—
Uran	U	238,5	um 1500	—
Vanadin	V	51,2	um 1700	—
Wasserstoff	H	1,008	— 259	— 252,5
Wismut	Bi	208,0	265	um 1300
Wolfram	W	184	2800—2850	—

Tafel der Atomgewichte (Fortsetzung).

	Symbol	Atom-gewicht	Schmelz-punkt	Siedepunkt
Xenon	X	128	— 140	— 109
Ytterbium	Yb	173,0	—	—
Yttrium	Y	89,0	—	—
Zink	Zn	65,4	433	950
Zinn	Sn	119,0	237	1450—1600
Zirkonium . . . . . . · .	Zr	90,6	—	—

Die Atomgewichte sind auf O = 16 bezogen, die Schmelz- und Siedepunkte in Graden Celsius angegeben.

Beginnende Rotglut bei	525° C	Gelbglut bei	1100° C
Dunkle „ „	700° C	Weißglut „	1300° C
Helle „ „	950° C	Blauglut „	1500° C

Alphabetisches Register.